高等职业院校计算机类专业"十三五"规划教材

Flash CC
基础与案例教程

李飞飞 主 编

郭 娟 刘志杰 副主编

中国铁道出版社有限公司
CHINA RAILWAY PUBLISHING HOUSE CO., LTD.

内 容 简 介

本书根据学习者的认知规律进行编排：二维动画概论部分主要阐述了二维动画的概念、特点、应用领域、发展前景等内容；矢量图部分通过三个典型案例，讲解和训练矢量图绘制的操作技巧和工作流程；音乐贺卡部分通过三个典型案例，讲解和训练逐帧动画的操作技巧和工作流程；风景动画部分通过三个典型案例，讲解和训练传统补间、形状补间的操作技巧和工作流程；公益广告部分通过三个典型案例，讲解和训练遮罩动画和引导层动画的操作技巧和工作流程；交互动画部分通过两个典型案例，讲解和训练交互动画的操作技巧和工作流程，同时初步体会Flash编程的思想。

本书适合作为职业院校的教材，还适合作为二维动画爱好者自学用书。

图书在版编目（CIP）数据

Flash CC基础与案例教程/李飞飞主编.—北京：中国
铁道出版社有限公司，2019.5（2023.12重印）
高等职业院校计算机类专业"十三五"规划教材
ISBN 978-7-113-25248-9

I.①F… II.①李… III.①动画制作软件-高等职业
教育-教材 IV.①TP391.414

中国版本图书馆CIP数据核字(2019)第059874号

书　　名：**Flash CC 基础与案例教程**
作　　者：李飞飞

策　　划：祁　云		编辑部电话：（010）63549458
责任编辑：祁　云　卢　笛		
封面设计：白　雪		
封面制作：刘　颖		
责任校对：张玉华		
责任印制：樊启鹏		

出版发行：中国铁道出版社有限公司（100054，北京市西城区右安门西街8号）
网　　址：http://www.tdpress.com/51eds/
印　　刷：天津嘉恒印务有限公司
版　　次：2019年5月第1版　2023年12月第3次印刷
开　　本：787 mm×1 092 mm 1/16　印张：12.5　字数：302 千
书　　号：ISBN 978-7-113-25248-9
定　　价：49.80 元

　　Flash是一款非常优秀的矢量动画制作软件，同时，Flash也是一款不折不扣的跨媒体、跨行业软件，在网页设计、网络广告使用Flash制作盛行之后，又在电影、电视、教育、娱乐、声乐、商业等行业引领风骚。

　　本书一改传统的手册性写法，以Flash CC为版本，不是简单地罗列和概述知识内容，而是在知识点、技能点碎片化的基础上，结合行业和岗位要求进行案例开发，重点强调知识的应用性，使学生在实际操作中完成特定的工作任务，整个内容结构由简单到复杂，稳扎稳打，循序渐进，使学习者全面深刻地理解理论知识并习得操作技能。

　　本书的主要特点如下：

　　1．从案例入手，注重技能训练，案例设计环环相扣，以学生为主体，培养学生的综合素质和实践能力，案例设计技术和艺术相结合，突出职业性。

　　2．案例经典，每一个案例都千锤百炼，编排形式符合认知规律，包括知技准备、案例分析、制作过程和能力拓展四大部分，系统性、应用性强。知技准备将知识和技能点进行碎片化处理，深入解读；案例分析明确案例要求和训练目标；制作过程分步骤逐步展开；能力拓展进一步强化相关技能。

　　3．配套教学资源丰富，提供了教学内容及学时分配表，精心设计了相关思考与练习、PPT教案、微课视频等资料，可从中国铁道出版社有限公司网站（http://www.tdpress.com/51eds/）的下载区下载。

　　本书由济南电子机械工程学校李飞飞任主编，山东职业学院郭娟、刘志杰任副主编。感谢您阅读本书，尽管编者在本书的编写过程中付出了很多努力，但是由于水平有限，时间仓促，不足之处在所难免，敬请广大读者批评指正。

编　者

2019年2月

CONTENTS 目 录

第1章

二维动画概论

　　动画是一种综合艺术门类，是工业社会人类寻求精神解脱的产物，它是集合了绘画、漫画、电影、数字媒体、摄影、音乐、文学等众多艺术门类于一身的艺术表现形式。Flash 二维动画是指使用 Flash 软件制作的，发布为 SWF 格式或者是 EXE 格式的计算机动画，它将音乐、声效、动画以及富有新意的界面融合在一起，以制作出高品质的动态效果。

1.1　动画的分类

　　动画发展到现在，分二维动画和三维动画两种。二维画面是平面上的画面，无论画面的立体感有多强，终究只是在二维空间上模拟真实的三维空间效果。例如，我国经典动画片《大闹天宫》《哪吒闹海》等，国外经典动画片《白雪公主》《睡美人》等，如图 1-1-1 ～图 1-1-3 所示。

图 1-1-1　国内经典二维动画

图 1-1-2　国外经典二维动画

图 1-1-3　国外经典二维动画

　　三维动画又称 3D 动画，三维画面中景物有正面，也有侧面和反面，调整三维空间的视点，能够看到不同的内容，三维动画技术模拟真实物体的方式使其成为一个有用的工具，广泛应用于医学、教育、军事、娱乐等诸多领域。三维动画近年来发展迅速，如火如荼。经典三维动画如图 1-1-4 所示。

图 1-1-4　经典三维动画

1.2　二维动画的特点

　　Flash 二维动画主要有以下特点：

　　（1）使用矢量图和流式播放技术。与位图不同的是，矢量图可以任意缩放尺寸而不影响图像的质量，流式播放技术使得动画可以一边播放一边下载，更利于网上传播。

　　（2）所生成的动画文件非常小，几千字节的动画文件已经可以实现许多令人心动的动画效果，用在网页设计上不仅可以使网页更加生动，而且小巧玲珑下载迅速，使得动画可以在打开网页后很短的时间里就得以播放。

　　（3）把音乐、动画、声效、交互方式融合在一起，支持多种流媒体格式，Flash 二维动画在情节和画面上往往更夸张起伏，致力在最短时间内传达最深的感受，比传统动漫更加灵巧，已经成为一种新时代的艺术表现形式。

　　（4）Flash 二维动画具有交互性优势，能够更好地满足受众需要，让欣赏者与动画互动，通过点击、选择等动作决定动画的运行过程和结果，还可以制作很多小游戏，这一点是传统动画所无法比拟的。

　　（5）由于只需要掌握一些特定的软件就可以尝试，Flash 二维动画的制作相对比较简单，爱好者很容易就能成为动画制作者，一套软件、一个人、一台计算机就可以制作出一段有声有色的动画。

（6）强大的动画编程功能使得制作者可以随心所欲地设计出高品质的动画和游戏，使 Flash 具有更大的设计自由度。

（7）用 Flash 制作动画能够大幅度降低制作成本，减少人力、物力资源的消耗。同时，在制作时间上也会大大减少，Flash 制作的动画可以同时在网络与电视台播出，实现一片两播。

1.3　二维动画的应用领域

Flash 二维动画广受各行各业青睐，继席卷网页设计、网络广告之后，已经在电影电视、动画卡通、教育教学、声乐等领域引领风骚，如图 1-3-1 ～图 1-3-12 所示。

图 1-3-1　电子相册

图 1-3-2　多媒体汇报片

图 1-3-3　电子书

图 1-3-4　动漫短片

图 1-3-5　电子贺卡

图 1-3-6　Flash 整站

图 1-3-7　Flash 游戏

图 1-3-8　Flash 广告

图 1-3-9　电视栏目包装

图 1-3-10　Flash MV

图 1-3-11　Flash 教学课件

图 1-3-12　Flash 教学光盘

1.4　二维动画的发展前景

1. 应用程序开发

由于独特的跨平台特性、灵活的界面控制以及多媒体技术的使用，Flash 应用程序具有很强的生命力。在与用户交流方面具有其他任何方式都无可比拟的优势。

2．软件系统界面开发

Flash 对于界面元素的可控性和它所表达的效果无疑具有很大的诱惑。对于软件系统的界面，Flash 所具有的特性完全可以为用户提供一个良好的接口。

3．手机领域开发

手机领域的开发将会对精确（像素级）的界面设计和 CPU 使用分布的操控能力有更高的要求，但同时也意味着更加广泛的使用空间。

4．游戏开发

Flash 至今仍然停留在中、小型游戏的开发上。游戏开发的很大一部分受限于它的 CPU 能力和大量代码的管理。最新版本的 Flash 软件提供了项目管理和代码维护方面的功能，AS 3.0 也使程序更加容易维护和开发。

5．站点建设

Flash 整站意味着更高的界面维护能力和整站架构能力。但好处也非常明显：全面的控制、无缝的导向跳转、更丰富的媒体内容、更体贴用户的流畅交互、跨平台和瘦客户端的支持以及与其他 Flash 应用方案无缝连接集成等。

1.5 二维动画的关键术语

1．Flash 文件类型

Flash 影片的扩展名为 .swf，该类型文件必须使用 Flash 播放器才能打开，SWF 文件是一个完整的影片档，无法直接编辑。Flash 原始文档的扩展名是 .fla，源文件可以直接编辑，只能用对应版本或者更高版本的 Flash 软件才能打开。

2．帧

帧是 Flash 二维动画制作的最基本单位，每一个 Flash 二维动画都是由很多个精心雕琢的帧构成的，一帧就是一副静止的画面，连续的帧就形成动画。在时间轴上的每一帧都可以包含需要显示的所有内容，包括图形、声音、各种素材和其他多种对象。

3．帧的类型

帧有以下几种类型：

（1）关键帧是有关键内容的帧，用来定义动画变化、更改状态的帧，即编辑舞台上存在实例对象并可对其进行编辑的帧。关键帧在时间轴上显示为实心的圆点。

（2）空白关键帧是没有包含舞台上的实例内容的关键帧。空白关键帧在时间轴上显示为空心的圆点。

（3）普通帧在时间轴上能显示实例对象，但不能对实例对象进行编辑操作的帧。普通帧在时间轴上显示为灰色填充的小方格。

4．帧频

帧频是动画播放的速度，以每秒播放的帧数为度量。帧就像电影拍摄中胶片的一幅幅画面，电影是由连续的画面组成的，通常一个镜头由 24 幅画面组成。例如，表示为 12fps，意思是 12 帧为 1 秒。

5．舞台

新建一个 Flash 文档时，出现的白色区域背景称为舞台，使用快捷键【Ctrl+J】打开文档属性面板，可以修改舞台大小、背景颜色等信息。

6．场景

场景就是专门用来容纳、包含图层里面的各种对象的平台，它相当于一块场地，上面可以摆放与动画相关的各种对象或元件，同时，这个场地也是动画播放的舞台。既是摆放的场地也是动画表演的舞台，默认情况下，一个 Flash 文档只有一个场景，可以添加和修改，如果一个动画比较庞大，动画所使用的对象很多，导致所使用的舞台也很多，那么，光靠一个场景是不能容纳这么多对象的。因此，这类动画通常需要多个场景。

7．时间轴

时间轴是动画播放的时间线，动画从左到右，一帧一帧播放。时间轴用来通知 Flash 显示图形和其他项目元素的时间，也可以使用时间轴指定舞台上各图形的分层顺序。

思考与练习

一、选择题

1. 下列关于矢量图描述错误的是（　　　）。
   A. 在编辑矢量图时，可以修改描述图形形状的线条和曲线的属性
   B. 可以对矢量图进行移动、调整大小、重定形状以及更改颜色的操作而不更改其外观品质
   C. 矢量图适合于表现形状复杂、细节繁多、色彩丰富的内容，如照片
   D. 矢量图与分辨率无关，这意味着它们可以显示在各种分辨率的输出设备上，而丝毫不影响品质

2. 下列有关位图（点阵图）的说法不正确的是（　　　）。
   A. 位图是用系列彩色像素来描述图像
   B. 将位图放大后，会看到马赛克方格，边缘出现锯齿
   C. 位图尺寸越大，使用的像素越多，相应的文件也越大
   D. 位图的优点是放大后不失真，缺点是不容易表现图片的颜色和光线效果

3. 下面关于矢量图和位图的说法正确的是（　　　）。
   A. 在 Flash 中能够产生动画效果的可以是矢量图，也可以是位图

B. 在 Flash 中，无法使用在其他应用程序中创建的矢量图和位图

C. 用 Flash 的绘图工具画出来的图像是位图

D. 矢量图比位图文件的体积大

4. 编辑位图时，修改的是（　　　）。

    A. 像素　　　　　　　　B. 曲线　　　　　　　　C. 直线　　　　　　　　D. 网格

5. 下列关于图层的描述错误的是（　　　）。

    A. 创建动画时，可以使用图层和图层文件夹组织动画对象，以避免互相影响

    B. 图层文件夹可以将图层组织成易于管理的组

    C. 一个图层文件夹中最多放置 9 个图层

    D. 文档中的每一个场景都可以包含任意数量的图层

6. 可以编辑和修改的 Flash 文件的扩展名为（　　　）。

    A. .fla　　　　　　　　B. .doc　　　　　　　　C. .swf　　　　　　　　D. .xls

7. Flash 导出影片后的文件扩展名为（　　　）。

    A. .fla　　　　　　　　B. .doc　　　　　　　　C. .swf　　　　　　　　D. .xls

8. Flash 是一款（　　　）制作软件。

    A. 电子表格　　　　　　B. 二维动画　　　　　　C. 网页　　　　　　　　D. 文本文档

二、问答题

1. 什么是动画？

2. 简述动画的分类。

3. 简述 Flash 的应用领域。

第 2 章 矢 量 图

Flash CC 提供了强大的绘图功能，这是二维动画制作中最基础、最常用的功能，矢量图的优点是放大后图像不会失真，缺点是难以表现色彩层次丰富的逼真图像效果。本章通过三个案例，由简单到复杂，循序渐进地训练使用各种工具绘制矢量图，并填充和编辑色彩的能力。主要知识技能点包括：绘图工具、色彩工具及调板、变形调板。

2.1 绘制卡通图形

2.1.1 知技准备

2.1.1.1 基础知识

1. 矢量图和位图

矢量图由线条轮廓和填充色块组成，如一朵花的矢量图实际上是由线段构成轮廓，由轮廓颜色以及轮廓所封闭的填充颜色构成花朵颜色。矢量图的优点是轮廓清晰，色彩明快，可以任意缩放而不会产生失真现象，缺点是难以表现出像照片那样连续色调的逼真效果。矢量图如图 2-1-1 所示，Flash 软件主要以处理矢量图形为主。

位图又称点阵图、像素图、栅格图，由点阵组成，这些点进行不同排列和染色构成图样，因而位图的大小和质量取决于图像中点的多少，也就是像素的多少，位图类似于照片，能够较真实地再现人眼观察到的景象。位图如图 2-1-2 所示。

图 2-1-1　矢量图风景

图 2-1-2　位图风景

2．图层

与 Photoshop 软件中的图层类似，Flash 软件利用图层原理进行绘图和制作动画，一个图层就好比是一张透明的纸，可以在这张透明的纸上画画，没画上的部分仍保持透明状态，当在多张纸上画完适当的图像后，上面图层的图像会遮盖住下面图层中的图像，这样多个图层叠加起来便形成了一幅完整的图像。因此，在描绘图形时分层很重要，要注意安排好图层的上下关系。对图层的形象说明如图 2-1-3 所示。

图 2-1-3　图层的形象说明

2.1.1.2　基本操作

1．新建文档

启动 Flash CC 软件后，在新建列表单击即可新建一个 Flash 文档。选择菜单"文件"→"保存"命令，或者使用快捷键【Ctrl+S】，即可保存 Flash 文档。

启动 Flash CC 后，工作界面如图 2-1-4 所示。顶部为菜单栏，左边为工具箱，右边为浮动面板，底部为时间轴，中间部分为编辑区，可以按住鼠标左键不放拖动面板来改变界面布局。

图 2-1-4　启动界面

新建 Flash 文档后，可以进行属性设置，使用快捷键【Ctrl+J】打开"文档设置"对话框，如图 2-1-5 所示。可以修改动画尺寸、标尺单位、背景颜色、帧频等。一般情况下，Flash 动画尺寸以像素为单位，帧频为 24 fps。

2．线条工具

线条工具用于绘制直线，快捷键【N】。选中工具箱中的线条工具或者按下快捷键【N】，即切换到线条工具，按住鼠标左键在舞台上拖动即可绘制出一条直线，线条颜色为当前工具箱中的笔触颜色。

绘制好线条后，可以对其属性进行修改，使用选择工具单击选中线条，打开属性面板，如图 2-1-6 所示。快捷键【Ctrl+F3】。

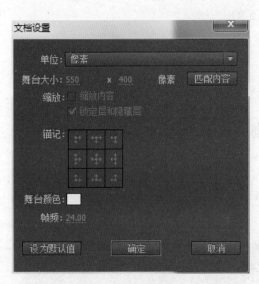

图 2-1-5 文档设置

图 2-1-6 线条工具属性面板

（1）位置和大小。X 和 Y 坐标值用于精确设置线条所在的位置，宽度和高度值用于精确设置线条大小，单击链接图标，可以锁定或者解锁线条的长宽比例。

（2）填充和笔触。单击颜色块打开拾色器修改线条颜色。

（3）笔触粗细。拖动滑块修改线条粗细，也可以直接在其后的文本框中输入精确数值。

（4）样式。修改线条的形状，包括"极细线""实线""虚线""点状线""锯齿线""点刻线""斑马线"等。

3．标尺和网格

标尺是丈量对象尺寸的工具，使用标尺可以获得光标所在的坐标位置和动画对象放置的坐标位置，要显示标尺，可以通过选择"视图"→"标尺"菜单命令。

网格同样具有控制对象定位的功能，利用网格可以轻松地绘制机械图，要显示网格，可以通过"视图"→"显示网格"菜单命令。不同的动画需要的网格尺寸不一样，通过"视图"→"编辑网格"菜单命令打开对话框，可以设置网格的颜色、宽度、高度等，可以通过选择复选框以激活"显示网格""在对象上方显示""紧贴网格"等功能，还可以通过单击"保存默认值"按钮保留这些应用。

4．辅助线

网格显示时总是覆盖住整个舞台，使舞台看起来比较乱，不便于观察，在大部分实际操作过程中并不需要太多的网格做辅助，Flash CC 提供了更为简便的辅助线功能。

（1）创建辅助线。在显示标尺的状态下，使用选择工具，鼠标指针指向左侧的标尺，按住左键不动向右拖动，在合适的位置释放鼠标，即可创建一条竖直的辅助线，鼠标指针指向顶部的标尺，按住左键不动向下拖动，在合适的位置释放鼠标，即可创建一条水平的辅助线，辅助线是可以随时移动定位的，按住鼠标左键拖动即可。

（2）更改辅助线颜色。在创建动画过程中，可能会遇到辅助线的颜色与舞台上对象的颜色过于相近而不便观察的情况，可以通过"视图"→"辅助线"→"编辑辅助线"菜单命令打开"辅助线"对话框，设置辅助线颜色、是否显示辅助线、是否吸附到辅助线、是否锁定辅助线、贴紧精确度等选项。

（3）删除辅助线。要删除辅助线，可以将辅助线拖动到舞台之外，也可以通过"视图"→"辅助线"→"清除辅助线"菜单命令，或者在辅助线对话框中选择"全部清除"命令。

5．放大镜和手形工具

（1）放大镜工具

当对象较为复杂时，可以放大视图以便观察细节，单击工具箱中的放大镜工具或者按下快捷键【Z】，即切换到放大镜工具，在视图中单击则会放大显示对象。当需要观察全局效果时，切换到放大镜工具，按下【Alt】键的同时单击视图则会缩小显示对象。

（2）手形工具

当放大视图时，若视图超出屏幕显示范围，舞台下方和右侧会出现滚动条，拖到滚动条可以看到不同区域的视图内容。通过手形工具拖动视图可以更便捷地观察内容，单击工具箱中的手形工具或者按下快捷键【H】，即切换到手形工具。在其他工具使用的状态下，按住【Space】键不动，可以临时切换到手形工具，松开【Space】键，即回到之前使用的工具状态。

6．使用选择工具绘制出完美曲线

描绘轮廓时，可先使用线条工具绘制直线轮廓，然后切换为选择工具，将鼠标指针置于线条下方，当指针右下角出现弧线时，向不同方向拖动鼠标，即可将直线变为不同形式的曲线，如图 2-1-7 所示。

7．无法填充颜色的原因

使用颜料桶工具填充颜色时，只能填充一个相对封闭的区域，因此在绘制轮廓时，注意线条与线条的结合处要紧密，此外，在工具面板选项中，有"不封闭空隙""封闭小空隙""封闭中等空隙""封闭大空隙"四个选项，当"不封闭空隙"无法填充颜色时，可以选择其他选项，Flash 会自动封闭线条之间的空隙。

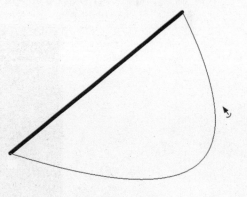

图 2-1-7　绘制弧线

2.1.2　案例分析

很多从网上下载的位图素材由于像素过小等原因很不清晰，使用 Flash 软件重新描绘成矢量图，会大大改善图像效果。综合使用 Flash 软件中的绘图工具和色彩工具可以绘制出各种线条流畅、颜色优美的矢量图形。该任务即是以原始素材图片为模板，描绘一幅较为简单的矢量图——卡通老虎，效果如图 2-1-8 所示。

图 2-1-8　卡通老虎

2.1.3　案例目标

（1）能够熟练操作线条工具、矩形工具、椭圆工具，并综合运用所学工具描绘出卡通老虎的轮廓，线条流畅。

（2）能够运用色彩原理设计颜色，并熟练运用填充工具正确填充颜色。

（3）审美能力、沟通能力和解决问题能力进一步加强。

2.1.4　制作过程

2.1.4.1　制作背景

（1）新建 Flash 文档，大小为 800 px × 600 px，如图 2-1-9 所示。

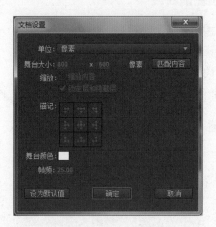

图 2-1-9　新建 Flash 文档

（2）图层 1 重命名为"背景"，按下快捷键【R】切换到矩形工具，在工具面板中，线条颜色选择"无"，填充颜色选择七彩色，如图 2-1-10 所示。

（3）鼠标指针指向舞台的左上角，按住鼠标左键拉至舞台的右下角，绘制矩形背景，使其与舞台大小相同，如图 2-1-11 所示。

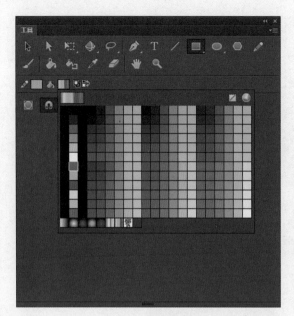

图 2-1-10　矩形工具

图 2-1-11　七彩背景

2.1.4.2　绘制卡通图形

（1）新建图层 2 命名为"原图"，按下快捷键【Ctrl+R】，导入卡通老虎图片。

（2）按下快捷键【Q】切换为任意变形工具，选中卡通老虎图片，拖动变形手柄调整图片高度使之与舞台相当，调整好位置，观察图像，位图图像在缩放的过程中失真，锁定图层，如图 2-1-12 所示。

图 2-1-12　导入原图

（3）新建图层命名为"头"。使用椭圆工具和线条工具，属性面板设置颜色为棕色，粗细为"1"，按照卡通老虎原图描绘出头部轮廓，隐藏原图观察图像，如图 2-1-13 所示。

（4）在工具箱中打开颜色面板，选择浅黄色，按下快捷键【K】切换为颜料桶工具，单击头部轮廓以填充颜色，隐藏原图观察图像，如图 2-1-14 所示。

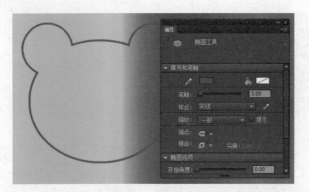

图 2-1-13　描绘头部轮廓

图 2-1-14　填充头部颜色

（5）新建图层，复制头部的填充色块，按下快捷键【Q】切换为任意变形工具，按住【Shift】键的同时拖动四周的某一个顶点缩放图形，修改填充色为黄色，微调形状轮廓，如图 2-1-15 所示。

图 2-1-15　复制头部并更改颜色

（6）重复以上步骤，分别新建图层，比照原图描绘出轮廓，分别调整好颜色并填充，在绘制的过程中，注意隐藏与显示原图，以对比和观察图像，时间轴各图层设置如图 2-1-16 所示。

（7）删除原图，按下快捷键【Ctrl+Enter】预览图形效果，观察原始素材图片和新绘制的图片，感受位图和矢量图的区别。

图 2-1-16　时间轴设置

2.1.5　能力拓展

　　同样的方法，还可以绘制其他矢量图，如图 2-1-17 和图 2-1-18 所示。

<table>
<tr><td align="center">图 2-1-17　矢量图 1</td><td align="center">图 2-1-18　矢量图 2</td></tr>
</table>

　　以图 2-1-17 的矢量图为例：

　　（1）设置好前景色，选择画笔工具，绘制图像轮廓，如图 2-1-19 所示。

　　（2）设置好前景色，选择颜料桶工具，填充颜色。注意：填充颜色之前需要先闭合轮廓线条，填充颜色之后再将多余的线条删除，如图 2-1-20 所示。

　　（3）新建图层，绘制五官等细节，如图 2-1-21 所示。

<table>
<tr><td align="center">图 2-1-19　图像轮廓</td><td align="center">图 2-1-20　填充颜色</td><td align="center">图 2-1-21　绘制细节</td></tr>
</table>

2.2 绘制矢量图

2.2.1 知技准备

2.2.1.1 基础知识

1．物体素描关系的理解

素描的主要目的是表现物体的真实感，突出三维立体效果，三维立体的存在离不开明暗调子的塑造，因此在二维矢量绘图中要关注明暗色调变化的节奏规律，以及增强立体观念与空间意识，素描中的五大调包括亮调、灰调（中间调子）、明暗交界线、反光和投影。

2．对象绘制模式

创建的形状称为绘制对象。绘制对象是在叠加时不会自动合并在一起的单独的图形对象，这样在分离或重新排列形状的外观时，会使形状重叠而不会改变它们的外观。Flash 将每个形状创建为单独的对象，可以分别进行处理。当绘画工具处于对象绘制模式时，使用该工具创建的形状为自包含形状。形状的笔触和填充不是单独的元素，并且重叠的形状也不会相互更改。选择用"对象绘制"模式创建形状时，Flash 会在形状周围添加矩形边框来标识它。

2.2.1.2 基本操作

1．选择工具

选择工具用于选中对象，快捷键【V】，单击对象即选中，在空白处再次单击即取消选择。要选择多个对象，按住【Ctrl】键的同时单击对象。双击可以选择连续的多个对象。选中对象后，可以按住鼠标左键不放拖动来改变对象的位置。

要绘制弧线，可先使用线条工具绘制直线轮廓，然后切换为选择工具，将鼠标指针置于线条下方，当指针右下角出现弧线标志时，向不同方向拖动鼠标，即可将直线变为不同形式的曲线，将鼠标指针置于线条端点旁边，当指针右下角出现直角标志时，拖动鼠标，即可改变直线的端点位置。

2．颜料桶工具

颜料桶工具用来填充轮廓的内部色块，快捷键【K】，在线条轮廓内部单击即可填充当前工具箱中的填充颜色。使用颜料桶工具填充颜色时，只能填充一个相对封闭的区域，因此在绘制轮廓时，注意线条与线条的结合处要紧密，否则无法填充颜色。

在工具箱底部选项中可以选择不同的填充缝隙，包括"不封闭空隙""封闭小空隙""封闭中等空隙""封闭大空隙"四个选项，如图 2-2-1 所示。缝隙越大越容易填充颜色，当选择"不封闭空隙"时无法填充颜色，可以选择其他选项，Flash 会自动封闭线条之间

图 2-2-1　封闭选项

的空隙。如果选择"封闭大空隙"仍然无法填充颜色,说明轮廓的缝隙超出系统能检测的范围,需要检查线条结合处的封闭情况。

3．渐变变形工具

渐变变形工具可以对线性填充或者径向填充进行旋转、拉伸、缩放、修改中心点等操作,快捷键【F】。

（1）线性渐变。使用渐变变形工具选择线性渐变颜色,拖动距离手柄可以拉伸填充色,拖动中心手柄可以修改填充中心点,拖动方向手柄可以旋转填充色条,如图 2-2-2 所示。

（2）径向渐变。使用渐变变形工具选择放射状渐变颜色,拖动圆中心手柄可以修改填充中心点,拖动圆周上的长宽手柄可以改变渐变圆的长宽比,拖动圆周上的大小手柄可以改变渐变圆的大小,拖动圆周上的大小手柄可以改变渐变圆的方向,如图 2-2-3 所示。

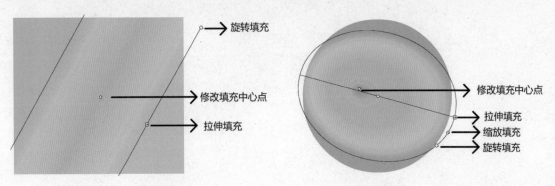

图 2-2-2　线性渐变调整　　　　　　　　　图 2-2-3　径向渐变调整

（3）锁定填充。当选中颜料桶工具后,在工具箱的右下方出现锁定填充按钮。锁定填充针对于渐变色的填充,可以对上一笔的颜色规律进行锁定,再次填充时是对上一次颜色填充的延续,当为多个轮廓统一填充渐变色,使之作为一个整体调节色彩色调时,可以使用锁定填充功能。

4．制作水晶质感的图像

二维矢量图上亮晶晶的高光反射可以很好地表现出水晶质感,在 Flash 中主要通过设置白色逐渐透明的渐变来达到这种效果。在颜色面板中,"Alpha"属性是透明度的意思,例如通过高光为西瓜营造水晶效果,首先绘制好高光反射的轮廓,再在颜色面板中设置两个或多个白色,再根据图像效果调整各个白色的 Alpha 值即可,如图 2-2-4 所示。

5．使用锁定填充功能

锁定填充功能针对渐变色的填充,可以对上一次的颜色规律进行锁定,再次填充时是对上一次颜色填充的延续,当为多个轮廓统一填充渐变色,使之作为一个整体调节色彩色调时,可以使用锁定填充功能。

当使用渐变变形工具时,不锁定填充时,每个图形对象分别进行编辑,如图 2-2-5 所示;锁定填充时,则可以同时对两个图形进行调整,如图 2-2-6 所示。

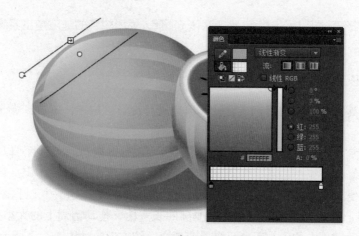

图 2-2-4　制作高光

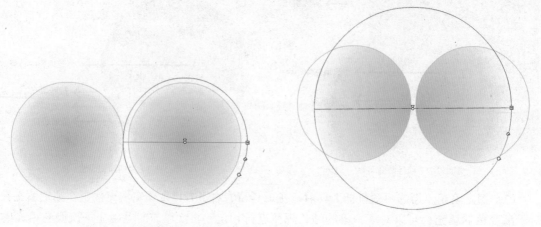

图 2-2-5　不锁定填充　　　　　　　　　　图 2-2-6　锁定填充

2.2.2　案例分析

　　图像设计和动画制作越来越注重细节的完美，一种好的字体效果或者一个精致的水晶按钮就会让你的设计增色不少，那么如何制作具有水晶质感的图像呢？世界万物有其特定的明暗原理和表现规律，本案例即是运用素描基础理论，通过 Flash 软件中的渐变色彩调整，并通过亮光的处理，绘制出一幅具有水晶质感的西瓜图，效果如图 2-2-7 所示。

图 2-2-7　清凉西瓜

2.2.3　案例目标

（1）能够熟练操作椭圆工具、选择工具，绘制出西瓜轮廓，线条流畅。

（2）掌握变形面板各项参数的含义和作用，并能够熟练进行变形、旋转和翻转操作，透视和变形合理。

（3）掌握颜色面板各项参数的含义和作用，并能够熟练配置线性渐变和径向渐变色彩，图形颜色配置美观。

（4）能够根据色彩原理熟练配置渐变色彩，并能够熟练操作渐变色调整工具，正确表现出图形的明暗关系和立体感。

（5）审美能力、沟通能力和解决问题能力进一步加强。

2.2.4　制作过程

2.2.4.1　绘制主体

（1）新建 Flash 文档，大小为 900 px×500 px。

（2）图层 1 重命名为"西瓜"。按下快捷键【O】切换为椭圆工具，设置笔触颜色为黑色，填充颜色为绿色，打开属性面板，笔触粗细设置为 3 px，按住【Shift】键绘制一个正圆，如图 2-2-8 所示。

图 2-2-8　绘制正圆

（3）按下快捷键【Ctrl+T】，使用自由变形命令，将正圆调整为椭圆，打开颜色面板，填充颜色选择"径向渐变"，设置西瓜皮的渐变色，如图 2-2-9 所示。按下快捷键【K】切换到颜料桶工具，为西瓜填充渐变色。

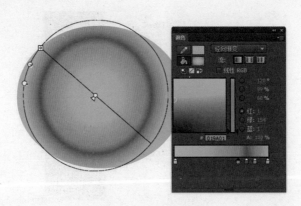

图 2-2-9　颜色面板设置

（4）按下快捷键【Q】切换为任意变形工具，挤扁西瓜使之变成椭圆，按下快捷键【F】切换到渐变变形工具，调整西瓜整体色调，注意在调整时，打开颜色面板进一步修改颜色，如图 2-2-10 所示。

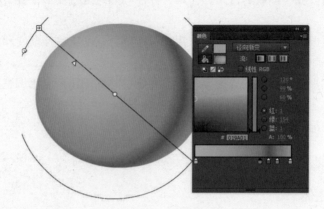

图 2-2-10　调整西瓜渐变色

2.2.4.2　绘制花纹

（1）新建图层命名为"花纹"。

（2）通过线条工具和选择工具，绘制西瓜花纹轮廓，如图 2-2-11 所示。

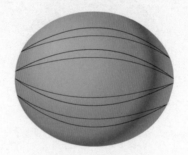

图 2-2-11　绘制花纹

（3）打开颜色面板，设置西瓜花纹的渐变色，按下快捷键【K】切换为颜料桶工具，单击工具箱选项栏的"锁定填充"按钮，为花纹整体填充渐变色，如图 2-2-12 所示。

图 2-2-12　填充花纹颜色

（4）按下快捷键【F】切换为渐变变形工具，调整花纹渐变色使其整体色调的明暗关系与西瓜保持一致，调整时配合颜色面板进一步调整颜色，如图 2-2-13 所示，调整完毕将轮廓线删除。

图 2-2-13　调整花纹渐变色

2.2.4.3　绘制半个西瓜

（1）新建图层命名为"瓜瓤"。

（2）按下快捷键【O】切换到椭圆工具，画出半个西瓜瓤的正圆轮廓，注意瓜瓤的直径与西瓜最宽处的直径相同。

（3）打开颜色面板，填充颜色类型选择"径向渐变"，调整好瓜瓤正圆的半径颜色，由圆心向外依次为浅红、红色、白色、绿色，如图 2-2-14 所示。

图 2-2-14　设置瓜瓤颜色

（4）新建图层命名为"瓜子"，按下快捷键【O】切换为椭圆工具，画出两个瓜子，依照瓜瓤调整好瓜子的大小和位置，如图 2-2-15 所示。

（5）按下快捷键【Q】切换到任意变形工具，将一组瓜子的注册点移动到瓜瓤的中心，如图 2-2-16 所示。

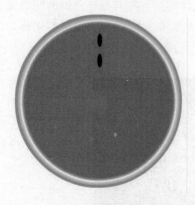

图 2-2-15　绘制瓜子

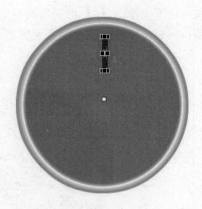

图 2-2-16　修改注册点

（6）按下快捷键【Ctrl+T】打开变形面板，在"旋转"一栏角度设为 30°，不断单击右下角的"重制选区和变形"按钮，如图 2-2-17 所示，得到一圈瓜子。

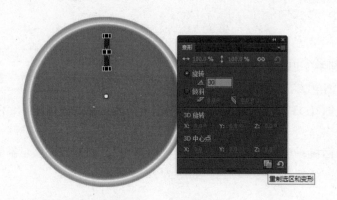

图 2-2-17　变形面板设置

（7）将西瓜各图层内容合并为一个图层，方法是选中瓜皮和瓜瓤图层中的内容，按下快捷键【Ctrl+X】剪切，新建一个图层命名为"一个西瓜"，按下快捷键【Ctrl+Shift+V】粘贴到原位置，如图 2-2-18 所示。

（8）同理，将瓜子图层中的内容合并到瓜瓤图层，压扁瓜瓤，使之具有一定的透视感，如图 2-2-19 所示。

图 2-2-18　合并图层内容

图 2-2-19　压扁瓜瓤

（9）新建图层命名为"半个西瓜"，复制"一个西瓜"图层内容到该图层中，隐藏"一个西瓜"图层，将"瓜瓤"图层置于"半个西瓜"图层上方并锁定，删除多余的半个西瓜，参照瓜瓤大小删除"半个西瓜"图层中多余的部分，如图 2-2-20 所示。

（10）绘制西瓜梗，将"瓜瓤"图层中的内容合并到"半个西瓜"图层中，显示"一个西瓜"图层，分别调整好二者的角度和位置，如图 2-2-21 所示。

图 2-2-20　调整半个西瓜

图 2-2-21　调整位置

2.2.5　能力拓展

同样的方法，还可以绘制其他具有质感的二维矢量图，如图 2-2-22 所示。

（1）选择深浅不同的蓝色，分别绘制矩形长条，排列为笔杆，如图 2-2-23 所示。

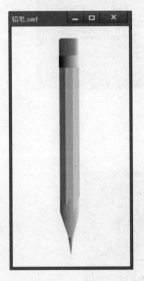
图 2-2-22　铅笔

图 2-2-23　绘制笔杆

（2）新建图层，使用线条工具绘制轮廓，填充木头渐变色，完成削铅笔的笔头形状绘制，如图 2-2-24 所示。

（3）新建图层，使用线条工具绘制轮廓，填充笔芯渐变色，完成笔尖形状绘制，如图 2-2-25 所示。

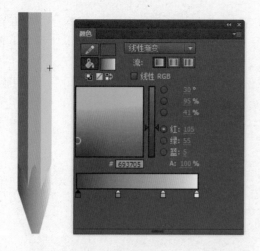

图 2-2-24　绘制笔头

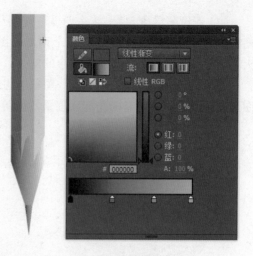

图 2-2-25　绘制笔尖

（4）新建图层，选择基本矩形工具，绘制倒角矩形，填充橡皮颜色，如图 2-2-26 所示。

图 2-2-26　绘制橡皮

（5）新建图层，选择矩形工具，填充金属环颜色，如图 2-2-27 所示。

图 2-2-27　绘制金属环

（6）时间轴图层安排如图 2-2-28 所示。

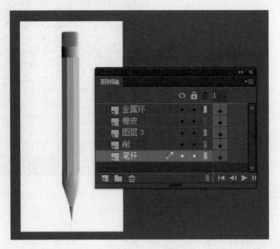

图 2-2-28　时间轴

2.3　绘制动漫角色

2.3.1　知技准备

2.3.1.1　基础知识

1．贝塞尔曲线

贝塞尔曲线（Bézier curve）又称贝兹曲线或贝济埃曲线，是应用于二维图形应用程序的数学曲线。一般的矢量图软件通过它来精确画出曲线，Flash 软件中的钢笔工具使用的即是这种曲线，贝塞尔曲线由线段与节点组成，节点是可拖动的支点，线段像可伸缩的皮筋，贝赛尔曲线的每一个顶点都有两个控制点，用于控制在该顶点两侧的曲线的弧度。贝塞尔曲线上的所有控制点、节点均可编辑，这种"智能化"的矢量线条为艺术创作提供了一种理想的图形编辑与创造工具。

任何一条不规则曲线都可以通过曲线上包含的每一个点和两个控制柄来准确描述，或者说曲线上的每一条最基本的曲线线段都可以通过该段的两个端点和在这两个端点上的两个控制柄来准确描述。改变控制柄的角度和长度，可以改变曲线的曲率。贝塞尔曲线的有趣之处就在于它的"皮筋效应"，随着点有规律地移动，曲线将产生皮筋拉伸一样的变换，如图 2-3-1 所示。

2．拾色器

单击工具箱或者属性面板等位置的笔触颜色或者填充颜色，即可打开颜色窗口，如图 2-3-2 所示。

图 2-3-1　贝塞尔曲线

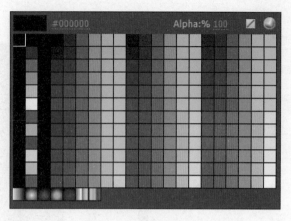

图 2-3-2　颜色窗口

1）选择颜色

打开颜色窗口后，鼠标指针会自动变为吸管工具，单击颜色窗口中的某一个色块即选中该颜色。左上角的大块色块代表当前选择的颜色，其后的文本框为该颜色的十六进制值，可以直接在此输入十六进制值来指定颜色。

2）设置颜色 Alpha 值

右上角的 Alpha 值用来设置当前颜色的透明度，当数值为 100 时，颜色完全不透明；当数值为 0 时，颜色完全透明；当数值在 0 到 100 之间时，颜色为不同程度的半透明。

3）设置无颜色

右上角的白色方框带红色斜线按钮，用来设定有无颜色。该按钮按下时代表无笔触颜色或填充颜色。

4）拾色器

单击颜色窗口右上角的彩色圆形拾色器图标，拾色器即拾取颜色的器具，多用吸管表示，在颜色上单击就能拾取所单击的颜色。可以基于 HSB（色相、饱和度、亮度）、RGB（红色、绿色、蓝色）颜色模型选择颜色，或者根据颜色的十六进制值来指定颜色，还可以基于 Lab 颜色模型（亮度分量、绿色 – 红色轴、蓝色 – 黄色轴）选择颜色，并基于 CMYK（青色、洋红、黄色、黑色）颜色模型指定颜色，如图 2-3-3 所示。

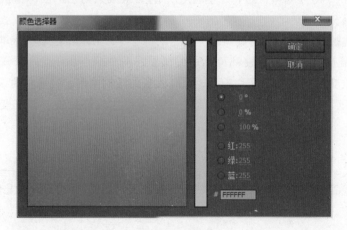

图 2-3-3　拾色器

3．画好动漫人物

绘制动漫人物并非一朝一夕之功，需要的基础知识有透视、人体结构、动态结构等，其实一幅画就是由无数的线和无数的点构成的，只要把握好线和点的画法，基本上已经成功一半了，此外还需要人们对人物的理解能力以及观察能力，如眼睛是心灵的窗口，通过眼睛可以表达一个人的感情和性格，一些美型漫画的冷酷男生，他们的眼睛不是大大的，而是偏细狭的，并且有种凌厉的光芒；而可爱的漫画女生，则是眼睛大大的，神态表现也很活泼等，这需要长期的临摹和创造。

2.3.1.2　基本操作

1．颜色面板

选择"窗口"→"颜色"菜单命令，打开颜色面板，对绘制图形进行颜色设置。如果在舞台上选中了对象，则在颜色面板中的设置会被应用到该对象上。可以从现有的调色板中选择颜色，也可以在 RGB、HSB 色彩模式下进行选择，还可以通过十六进制模式直接输入颜色代码，如图 2-3-4 所示。

图 2-3-4　颜色面板

设置颜色时，首先确定修改的是笔触颜色或填充颜色，通过单击颜色面板左上角的图标进行切换。

1）纯色

为线条轮廓或者填充色块设置纯色。

2）线性渐变

为线条轮廓或者填充色块设置线性渐变色。颜色条中的颜色将从左到右填充到所选区域中。

3）径向渐变

为线条轮廓或者填充色块设置放射状渐变色。颜色条中的颜色将以左侧端点为圆心，以整个颜色条为半径，绕一圈填充到所选区域中，如图 2-3-5 所示。

4）位图

为线条轮廓或者填充色块设置位图，如图 2-3-6 所示。

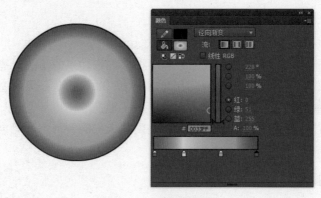

图 2-3-5　径向渐变填充

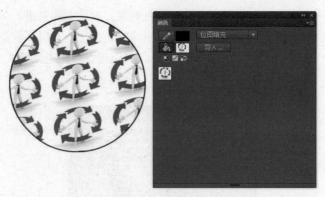

图 2-3-6　位图填充

2．钢笔工具组

使用钢笔工具组可以自由创建各种线条，该工具组中包括 4 种工具，分别是钢笔工具、添加锚点工具、删除锚点工具和转换点工具，默认状态下，工具箱上显示的是钢笔工具按钮，如图 2-3-7 所示。

各工具的形状及使用方法如下：

（1）带小叉的钢笔：绘制路径时表示未落笔状态，单击相当于画线的起点。

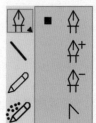

图 2-3-7　钢笔工具组

（2）小尖角形状的钢笔：表示钢笔编辑状态。单击相当于选中路径的节点。

（3）黑箭头：当选中节点后，继续按住鼠标左键不放，拖动鼠标可以改变路径的弯曲程度，此时钢笔变成一个小黑箭头，松开鼠标左键，小黑箭头变成什么都不带的钢笔。

（4）钢笔：表示已经画了起点，正在等待确定下一个节点，单击确定下一个节点。节点是指用指针工具选中图形时出现的原图没有的很小的实心方块。

（5）带小圆圈的钢笔：表示线的起点就是该点，单击则该条线完成，钢笔重新回到带小叉的状态。

（6）带减号的钢笔：表示钢笔工具正指向一个节点，单击可以删除该节点，单击后继续按住鼠标左键不放，拖动鼠标可以改变相邻两线的弯曲程度，钢笔变成一个小黑箭头形状。

（7）带加号的钢笔：表示钢笔工具正指向两个节点中的连线上，单击可以增加新节点。

（8）白箭头：称为部分选取工具，表示该路径处于编辑修改状态，可以拖动路径的弯曲控制点改变弯曲程度，也可以选中节点改变节点位置。在钢笔工具状态下，按下【Ctrl】键不放，将切换为白箭头状态。

3．熟练使用钢笔工具绘制线条

1）绘制直线和曲线

钢笔工具绘制直线的方法很简单，直接在场景中单击两个点，即自动将其以直线的形式连接起来。绘制曲线时，先单击绘制一个起点，在绘制第二个点的时候按住鼠标左键不放拖动即可。

2）修改图形的形状

选择部分选择工具，即白箭头，位于工具栏第二个，选中其中任意一个点进行拖动即可进行位置修改，全部选中则可以移动整个路径，另外，使用转换锚点工具可以将节点转换为直线或曲线，当修改曲线时，可以分别拖动两个控制点来调整弧度。

2.3.2　案例分析

二维矢量图绘制是制作二维动画的基础，尤其是在动漫作品中，角色设定是好的动画的制作前提，动漫及卡通人物的设定有其自身的特点和规律，适当采用拟人、夸张、变形等绘图手法，可以达到事半功倍的效果。本案例通过钢笔工具组中的各种工具，配合绘图板，制作出一幅精美的动漫月夜少女鼠绘图，最终效果如图 2-3-8 所示。

图 2-3-8　月夜少女

2.3.3　案例目标

能够熟练操作钢笔工具、锚点工具和部分选取工具，能够通过锚点转换、增加锚点、删除锚点等命令绘制出角色轮廓，线条流畅，透视与结构合理；掌握颜色面板各项参数的含义和作用，并能够熟练配置线性渐变和径向渐变色彩，从而绘制出星星和月亮；最终运用动漫人物角色设定的表现规律，绘制一幅月夜少女图，使手绘能力得到进一步提高。

2.3.4　制作过程

2.3.4.1　绘制少女

（1）新建 Flash 文档，大小为 900 px × 650 px。

（2）图层 1 重命名为"头"，按下快捷键【N】切换为线条工具，绘制三条直线，呈倒三角状，按下快捷键【V】切换为选择工具，将鼠标指针置于直线下方，当鼠标指针下方出现圆弧标志时，拖动鼠标将线条拖出一定的弧度，如图 2-3-9 所示。

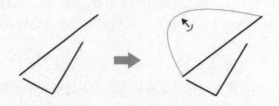

图 2-3-9　绘制脸部轮廓

（3）使用部分选取工具拖动弧线顶点的调节柄，反复调整贝塞尔曲线，完成人物头部轮廓的绘制，如图 2-3-10 所示。

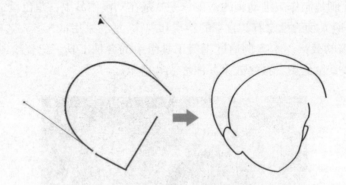

图 2-3-10　完成头部轮廓

（4）同理，使用线条工具绘制头发直线，再使用部分选取工具通过调整调节柄编辑曲线轮廓，完成发饰、刘海、耳朵等轮廓的绘制，打开颜色面板，设置头发颜色为棕色，按下快捷键【K】切换为颜料桶工具填充颜色，同理，为脸部填充淡淡的黄色，为发饰填充土黄色，如图 2-3-11 所示。

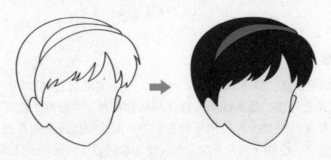

图 2-3-11　绘制头发并填充头部

（5）新建图层命名为"衣服"，绘制好衣服轮廓，同时绘制好发辫的轮廓，分别为脖子、衣服和发辫填充淡黄色、蓝色和棕色，如图 2-3-12 所示。

（6）新建图层命名为"五官"，绘制人物眼睛、眉毛、鼻子和嘴巴，眼睛绘制可以使用椭圆工具，设置无线条颜色。绘制眼睛和眉毛时要注意二者之间的距离合适，两个眼睛注视的方向要一致，使整个人物看起来自然协调，如图 2-3-13 所示。

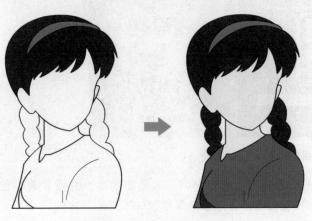

图 2-3-12　绘制衣服和发辫

图 2-3-13　绘制五官

（7）按下快捷键【Ctrl+Enter】预览效果。

2.3.4.2　制作背景

（1）新建图层命名为"夜空"，导入夜空背景素材图片，调整大小和位置，使之完全覆盖住舞台，如图 2-3-14 所示。

图 2-3-14　导入夜空背景

（2）新建图层命名为"月亮"，按下快捷键【O】切换为椭圆工具，绘制一个正圆，打开颜色面板，设置浅黄到黄色再到白色的渐变，设置白色的 Alpha 值为 0，以营造月亮光晕的效果，按下快捷键【F】切换为渐变变形工具对填充色进行调整，如图 2-3-15 所示。

图 2-3-15　月亮颜色设置

（3）新建图层命名为"星星"，使用笔刷工具或者椭圆工具绘制星星，并设置其颜色的 Alpha 值，使星星的颜色有深有浅、形状有大有小，以营造星星远近不同的层次感。

（4）按下快捷键【Ctrl+Enter】预览图像效果。

2.3.5　能力拓展

同样操作方法，还可以鼠绘其他动漫人物，如图 2-3-16 所示。

图 2-3-16　动漫人物

（1）选择线条工具，绘制出脸部轮廓，填充颜色，如图 2-3-17 所示。

（2）新建图层，选择线条工具绘制出头发轮廓，填充颜色，如图 2-3-18 所示。

（3）新建图层，选择线条工具绘制出头发轮廓，填充颜色，使头发具有层次感，如图 2-3-19 所示。

图 2-3-17 绘制脸部

图 2-3-18 绘制头发 1

（4）新建图层，绘制五官轮廓并填充颜色，如图 2-3-20 所示。

图 2-3-19 绘制头发 2

图 2-3-20 绘制五官

（5）新建图层，置于脸部图层下方，绘制衣服轮廓并填充颜色，如图 2-3-21 所示。

（6）新建图层，绘制衣服细节轮廓并填充颜色。时间轴图层安排如图 2-3-22 所示。

图 2-3-21　绘制衣服

图 2-3-22　时间轴

思考与练习

一、选择题

1. 在使用直线工具绘制直线时，若同时按住（　　　）键，则可以画出水平方向、垂直方向、45°和 135°等特殊角度的直线。

　　A.【Alt】　　　　　　　B.【Ctrl】　　　　　　　C.【Shift】　　　　　　　D.【Esc】

2. 在使用矩形工具时，希望画出的矩形为正方形，可以在绘制的同时按住（　　　）键。

　　A.【Ctrl】　　　　　　B.【Shift】　　　　　　C.【Alt】　　　　　　D.【Tab】

3. 在 Flash 的绘图工具中，可以同时产生笔触和填充的工具有（　　　）。

　　A. 铅笔工具、线条工具和椭圆工具

　　B. 矩形工具、椭圆工具和多角星形工具

　　C. 刷子工具、铅笔工具和多角星形工具

　　D. 线条工具、椭圆工具和矩形工具

4. 在 Flash 中要绘制基本的几何形状，不可以使用的绘图工具是（　　　）。

　　A. 直线　　　　　　　B. 椭圆　　　　　　　C. 圆　　　　　　　D. 矩形

5. 在 Flash 中选择工具箱中的滴管工具，当单击填充区域时，该工具将自动变成（　　　）。

　　A. 墨水瓶工具　　　B. 颜料桶工具　　　C. 刷子工具　　　D. 钢笔工具

6. 在 Flash 中要绘制精确的直线或曲线路径，可以使用（　　　）。

　　A. 铅笔工具　　　　　　　　　　　　B. 钢笔工具

　　C. 刷子工具　　　　　　　　　　　　D. A 和 C 都正确

7. 下面关于使用钢笔工具的说法错误的是（　　　）。

　　A. 当需要绘制精确路径时，可以使用钢笔工具

　　B. 钢笔工具可以创建直线或曲线，并且调节直线的角度和长度，修改曲线的弧度

　　C. 可以通过调节线条上的点调节直线和曲线，曲线可以转换为直线，反之亦然

D. 使用钢笔工具绘图时，直接单击舞台可以创建曲线，单击并拖动则可以沿拖动方向创建直线

8. 使用部分选取工具拖动节点时，按下（　　）键可以使角点转换为曲线点。

A.【Alt】　　　　　　B.【Ctrl】　　　　　　C.【Shift】　　　　　　D.【Esc】

9. 使用椭圆工具时，按住快捷键（　　）的同时拖动鼠标可以当前位置为圆心画出一个正圆。

A.【Alt+Ctrl】　　　　　　　　　　　　B.【Ctrl+Shift】

C.【Alt+Shift】　　　　　　　　　　　　D.【Ctrl+Enter】

10. "编辑"菜单有三种不同的粘贴命令，其中能将所复制的对象粘贴到原位置的是（　　）。

A. 选择到中心位置　　　　　　　　　　B. 粘贴到当前位置

C. 粘贴　　　　　　　　　　　　　　　D. 选择性粘贴

二、判断题

1. 为便于 Flash 二维动画在网页上播放，可以在保存菜单中选择保存成 swf 文件格式。
（　　）

2. EXE 格式的动画可在网页或播放软件中播放。　　　　　　　　　　　　　（　　）

3. 只有 fla 格式才能让用户查看动画的编辑制作内容和再编辑。　　　　　　（　　）

4. SWF 的动画文件用浏览器就可以直接播放。　　　　　　　　　　　　　（　　）

5. 线条工具只能绘制直线。　　　　　　　　　　　　　　　　　　　　　（　　）

6. 用椭圆工具绘制正圆时，需要按住【Ctrl】键。　　　　　　　　　　　（　　）

7. 用矩形工具可绘制正方形、矩形和圆角矩形。　　　　　　　　　　　　（　　）

8. 当需要编辑的对象不规则时，可以用套索工具选取对象。　　　　　　　（　　）

9. 利用任意变形工具可以对图形进行缩放、旋转、倾斜、翻转、透视、封闭等变形操作。
（　　）

10. Flash 默认的帧频是 24 fps。　　　　　　　　　　　　　　　　　　　（　　）

三、问答题

1. 绘图工具栏中包含了哪些区域，各区域有什么不同？

2. 简述使用钢笔工具绘制水晶苹果的方法。

3. 改变对象的大小与形状有哪几种方式？

第3章

音乐贺卡

　　逐帧动画是一种常见的动画形式，也是二维动画的常用手段，其原理是在"连续的关键帧"中分解动画动作，也就是在时间轴的每帧上逐帧绘制不同的内容，使其连续播放而形成动画，逐帧动画具有非常大的灵活性，几乎可以表现任何想表现的内容，而它类似于电影的播放模式，很适合于表演细腻的动画。本章通过三个案例训练逐帧动画制作技术，主要知识技能点包括：逐帧动画、帧、关键帧、元件、实例。

3.1　母亲节贺卡

3.1.1　知技准备

3.1.1.1　基础知识

1．视觉暂留现象

　　视觉暂留现象（Visual Staying Phenomenon，duration of vision）又称"余晖效应"。人眼在观察景物时，光信号传入大脑神经，需经过一段短暂的时间，光的作用结束后，视觉形象并不立即消失，这种残留的视觉称为"后像"，视觉的这一"视觉暂留现象"其时值是二十四分之一秒，是动画、电影等视觉媒体形成和传播的根据。

　　视觉暂留现象是中国人首先发现的，早在宋朝时期就发明了走马灯，这是据历史记载中最早的视觉暂留的运用，如图 3-1-1 所示。

图 3-1-1　走马灯

2．动画的产生

动画的产生正是运用了视觉暂留现象，动画是许多静止的帧画面连续播放的过程，当所有连续动作的单帧画面串联在一起，并且以一定的速度播放，就会使眼睛产生错觉，形成动画。一般而言，电影的播放速度是每秒 24 格画面，Flash 二维动画的播放速度一般为每秒 12 帧画面，如一只飞鸟的动画，可以分解为 6 个关键帧，然后顺序循环播放，如图 3-1-2 所示。

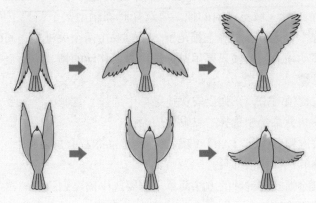

图 3-1-2　飞鸟动画分解

3．逐帧动画

逐帧动画是一种常见的动画形式，其原理是在"连续的关键帧"中分解动画动作，也就是在时间轴的每帧上逐帧绘制不同的内容，使其连续播放而成动画。因为逐帧动画的帧序列内容不一样，不但给制作增加了负担而且最终输出的文件量也很大，但它的优势也很明显：逐帧动画具有非常大的灵活性，几乎可以表现任何想表现的内容，而它类似于电影的播放模式，很适合于表演细腻的动画。例如，飞鸟、头发飘动、走路、说话等，如图 3-1-3 所示。

图 3-1-3　逐帧动画

3.1.1.2　基本操作

1．帧的使用

（1）插入帧。选择菜单"插入"→"时间轴"→"帧"命令，或右击时间轴，在弹出的快捷菜单中选择"插入帧"命令，会在当前帧的后面插入一个新帧。选择菜单"插入"→"时间轴"→"关键帧"命令，或右击时间轴，在弹出的快捷菜单中选择"插入关键帧"命令，会在播放头位置插入一个关键帧。选择菜单"插入"→"时间轴"→"空白关键帧"命令，或右击时间轴，在弹出的快捷菜单中选择"插入空白关键帧"命令，会在播放头位置插入一个空白关键帧。

（2）选择帧。要选择单个帧，单击即可。要选择多个不连续的帧，按住【Ctrl】键的同时单击其他帧；要选择多个连续的帧，按住【Shift】键的同时单击其他帧，按住鼠标左键不动框选也可以选择多个连续区域范围内的帧。要选择时间轴中某个图层上的所有帧，可以单击图层名称所在的位置；要选择整个静态帧范围，可以双击两个关键帧之间的帧。

（3）移动帧。移动帧或关键帧只要用鼠标选中需要移动的帧，拖动至目标位置释放即可。

（4）复制和粘贴帧。

方法一：选中关键帧右击，在弹出的快捷菜单中选择"复制帧"命令，然后在需要粘贴的位置右击，在弹出的快捷菜单中选择"粘贴帧"命令。

方法二：选中关键帧，按住【Alt】键不放，此时鼠标右上角会有个"+"号，按住鼠标左键不动拖动至待粘贴的位置释放即可。

（5）删除帧。删除帧或关键帧的方法简单，只要选中需要删除的帧或关键帧右击，在弹出的快捷菜单中选择"删除帧"命令即可。

（6）清除帧。选中关键帧右击，在弹出的快捷菜单中选择"清除帧"命令，可以清除帧和关键帧中的内容，被清除以后的帧内部将没有任何内容，该帧将转换为空白关键帧，其后的帧将变成关键帧。

（7）帧操作快捷键。

【F5】：插入帧（非关键帧）。

【F6】：转换为关键帧，并复制前一关键帧的内容。

【F7】：转换为空白关键帧。

【Shift+F5】：删除帧。

【Shift+F6】：清除关键帧。

【Ctrl+Alt+C】：复制帧。

【Ctrl+Alt+X】：剪切帧。

【Ctrl+Alt+V】：粘贴帧。

2．逐帧动画创建方法

方法一：导入静态图片。

使用数码照相机等连拍图片，连续导入 Flash 中，即会建立一段逐帧动画，具体操作方法是：

（1）使用数码照相机连拍照片。

（2）新建 Flash 文档，选择"文件"→"导入"→"导入到库"命令，选中所有素材图片一并导入到库中。

（3）按下快捷键【Ctrl+L】打开库面板，拖动第一幅图片到舞台上，按下快捷键【Ctrl+I】打开信息面板，设置图片 X 和 Y 坐标均为 0，使图片对齐舞台左上角。

（4）在时间轴第 2 帧按下快捷键【F7】创建空白关键帧，同理，拖放库中的第二幅图片并设置相同的位置坐标。

（5）同理，制作第 3 帧、第 4 帧……，将所有图片按顺序分别放入关键帧中。

方法二：逐帧绘图。

依据动画原理将动作进行分解，使用鼠标或压感笔在场景中一帧帧地画出关键画面，然后顺序播放，具体操作方法详见第 3.2.3 节中"一只飞鸟"元件的制作。

方法三：制作文字逐帧动画。

用文字作帧中的元件，实现文字跳跃、旋转等特效，具体操作方法是：

（1）打开 Flash，输入文字"跳动"。

（2）在第 2 帧处按下快捷键【F6】创建关键帧，选中文字，按住【Shift】键的同时按一次向上方向键，此时文字向上移动十个像素。

（3）在第 3 帧处按下快捷键【F6】创建关键帧，选中文字，按下快捷键【Q】切换为任意变形工具，将文字旋转 180°。

（4）在第 4 帧处按下快捷键【F6】创建关键帧，选中文字，按住【Shift】键的同时按一次向下方向键，此时文字向下移动十个像素。

（5）按下快捷键【Ctrl+Enter】测试影片，观察动画效果。

方法四：导入序列图像。

导入 gif 序列图像、swf 动画或者利用第 3 方软件（如 SWiSH、Swift 3D 等）产生的动画序列，即会自动建立一段逐帧动画，具体操作方法是：打开 Flash，按下快捷键【Ctrl+R】弹出"导入"对话框，选择 gif 图像。观察时间轴，计算机自动将 gif 图像分解为序列画面，如图 3-1-4 所示。

图 3-1-4　导入序列图像

3．如何正确使用不同类型的帧

帧是 Flash 二维动画制作的基本单位，每一个精彩的 Flash 二维动画都是由很多个精心雕琢的帧构成的，在时间轴上的每一帧都可以包含需要显示的所有内容，包括图形、声音、各种素材和其他多种对象，帧包括以下三种类型：

（1）关键帧：有内容的帧，在时间轴上显示为实心圆点，用来定义动画变化、更改状态的帧。

（2）空白关键帧：没有内容的关键帧，在时间轴上显示为空心圆点，可以用来放动作，也可以用来控制某段动画的起始时间。

（3）普通帧：在时间轴上显示为灰色填充的小方格。在时间轴上能显示对象，但不能编辑对象，其内容为与之最近的关键帧相同，可以用来延长对象停留的时间。

在同一个图层中，在前一个关键帧后面任一帧处插入关键帧，则复制前一个关键帧上的内容，并且可对其编辑；如果插入普通帧，则延续前一个关键帧上的内容，不可以对其编辑；如果插入空白关键帧，则清除该帧后面的延续内容，也可以在空白关键帧上添加新的内容。在使用中应尽可能节约关键帧的使用，以减小动画文件的体积，同时尽量避免在同一帧处过多使用关键帧，以减小动画运行的负担，使画面播放流畅。

3.1.2 案例分析

逐帧动画是二维动画的常用手段，其原理是在"连续的关键帧"中分解动画动作，也就是在时间轴的每帧上逐帧绘制不同的内容，使其连续播放而形成动画，该任务即利用逐帧动画原理，制作绿叶生长的动画，动画效果为生命破茧而出，寓意着母亲的伟大以及对母亲深深的爱，可作为母亲节贺卡，如图 3-1-5 所示。

图 3-1-5　生命之初

在具体技术层面，本案例使用 Flash 软件，利用关键帧技术将连续动作分解的静止图片顺序播放，根据动画原理，运用动画技法，将绿叶生长的过程分解为若干个关键画面，并在时间轴的每帧上逐帧绘制各个关键画面，使其连续播放而形成树叶生长的动画，通过训练，初步理解动画制作的原理和流程，打开动画制作的知识大门。

3.1.3 案例目标

（1）能够将动画技法应用到二维动画制作过程中，理解并分解树叶生长动作，将树叶生长分解为若干个关键画面，并分别绘制到关键帧中。

（2）通过项目训练，能够理解帧的概念，掌握不同类型帧的含义和使用方法，能够选择正确的帧类型；能够独立完成动画制作，初步体会二维动画的制作过程。

3.1.4　制作过程

3.1.4.1　绘制蛋壳

（1）新建 Flash 文档，大小为 800 px×600 px。

（2）图层 1 重命名为"蛋壳"，按下快捷键【O】切换成椭圆工具，绘制一个类似鸡蛋的椭圆。

（3）按下快捷键【Shift+F9】打开颜色面板，颜色类型选择径向渐变，根据明暗关系调整鸡蛋蛋壳的颜色，颜色条从左到右依次为主体颜色、高光、主体颜色、明暗交界线、反光，为蛋壳填充渐变色，如图 3-1-6 所示。

图 3-1-6　蛋壳颜色设置

（4）新建图层命名为"阴影下"，绘制椭圆作为底层阴影，注意阴影大小和鸡蛋大小一致，打开颜色面板，颜色类型选择径向渐变，根据明暗关系调整好阴影颜色并填充，使用渐变变形工具进行调整，如图 3-1-7 所示。

图 3-1-7　调整底层阴影

（5）新建图层命名为"阴影中"，绘制椭圆作为底层阴影，打开颜色面板，颜色类型选择径向渐变，根据明暗关系调整好阴影颜色并填充，如图 3-1-8 所示。

图 3-1-8　调整中层阴影

（6）新建图层命名为"阴影上"，绘制椭圆作为上层阴影，打开颜色面板，根据明暗关系调整好阴影颜色，如图 3-1-9 所示。

图 3-1-9　调整上层阴影

（7）调整好蛋壳和阴影的位置，如图 3-1-10 所示。

图 3-1-10　蛋壳和阴影

3.1.4.2　制作蛋壳破裂动画

（1）新建图层命名为"破裂"，在第 5 帧创建关键帧，绘制蛋壳破裂的第一个画面，如图 3-1-11 所示。

图 3-1-11　蛋壳破碎逐帧动画

（2）同理，将蛋壳破裂动画分解为 15 个关键画面，并分别绘制在第 6 ～ 19 帧中，注意绘制图形时位置一一对应，蛋壳裂痕制作完毕，如图 3-1-12 所示。

图 3-1-12　绘制蛋壳裂痕

蛋壳破裂时间轴如图 3-1-13 所示。

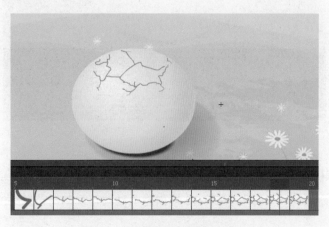

图 3-1-13　蛋壳破裂动作分解时间轴

（3）在第 24 帧创建关键帧，绘制蛋壳即将碎掉的画面，如图 3-1-14 所示。

图 3-1-14　蛋壳即将碎掉的关键帧

（4）按下快捷键【Ctrl+Enter】预览动画效果并进行微调。

（5）新建图层命名为"洞"，在蛋壳破裂即将结束的第 25 帧创建关键帧，绘制鸡蛋破裂后形成的蛋洞，如图 3-1-15 所示。

图 3-1-15　蛋壳破裂的洞

3.1.4.3　制作树苗动画

（1）新建图层命名为"发芽"，在第 40 帧创建关键帧，绘制树苗发芽的第一个关键画面，如图 3-1-16 所示。

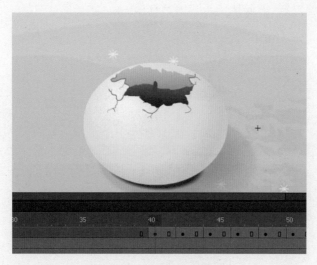

图 3-1-16　树苗发芽关键帧 1

（2）将树苗发芽的动画分解为关键画面，并分别绘制在相应的关键帧中，注意绘制图形时位置一一对应，如图 3-1-17 所示。

图 3-1-17　树苗发芽关键帧 2

（3）同理，将树叶逐渐长出的动画分解为关键画面，并分别绘制在相应的关键帧中，如图 3-1-18 ～图 3-1-21 所示。

图 3-1-18　树叶生长关键帧 1

图 3-1-19　树叶生长关键帧 2

图 3-1-20　树叶生长关键帧 3

图 3-1-21　树叶生长关键帧 4

（4）按下快捷键【Ctrl+Enter】预览动画效果并进行微调，达到自己想要的效果。

（5）分别新建图层，每个图层放置一行文字，并制作文字逐行渐出动画，时间轴如图 3-1-22 所示。

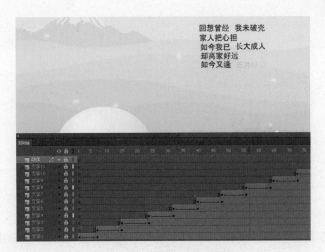

图 3-1-22　文字动画时间轴设置

（6）新建图层，在第 90 帧创建关键帧，添加停止动作。

3.1.4.4　添加背景音乐

（1）新建图层命名为"背景"，将背景层拖动到图层面板最底层，按下快捷键【Ctrl+R】导入素材图片，并设置好大小和位置。

（2）新建图层命名为"音乐"。

（3）按下快捷键【Ctrl+R】弹出"导入"对话框，导入音乐素材。

（4）按下快捷键【Ctrl+L】打开库，拖动音乐素材到场景中。

（5）按下快捷键【Ctrl+Enter】测试影片。

3.1.5　能力拓展

通过逐帧动画技术可以制作走路、说话等各种逐帧动画，如马的奔跑可以分解为 10 个关键动作，分别置于 10 个关键帧中，即可得到马奔跑的动画效果。

（1）新建 Flash 文档，导入背景图片，新建图层，在第 1 帧绘制马奔跑动作分解的第一个画面，如图 3-1-23 所示。

图 3-1-23　奔马动画第 1 个关键帧

（2）在第 2 帧上新建空白关键帧，绘制马奔跑动作分解的第二个画面，如图 3-1-24 所示。

图 3-1-24　奔马动画第 2 个关键帧

（3）同理，分别新建空白关键帧，分别绘制马奔跑动作分解的各个画面，如图 3-1-25 ～ 图 3-1-28 所示。

图 3-1-25　奔马动画第 3、4 关键帧

图 3-1-26　奔马动画第 5、6 关键帧

图 3-1-27　奔马动画第 7、8 关键帧

图 3-1-28　奔马动画第 9、10 关键帧

（4）预览动画效果，并微调各个关键帧画面。

3.2　中秋节贺卡

3.2.1　知技准备

3.2.1.1　基础知识

1．元件

元件是指在 Fash 中创建而且保存在库中的图形、按钮或影片剪辑，元件只需创建一次，即可在整个文档或其他文档中重复使用。在制作动画过程中很多时候需要重复使用素材，这时就可以转换为元件，或者新建元件，如图 3-2-1 所示。

元件的最大优点是可以重复使用，并且当需要对重复使用的元素进行修改时，只需编辑元件，而不必对该元件的所有实例一一进行修改，Flash会根据修改的内容对该元件的所有实例进行更新。

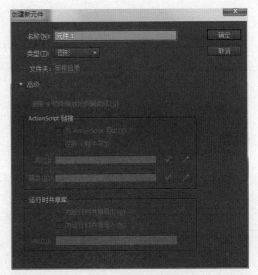

图 3-2-1　新建元件

2．元件的类型

（1）影片剪辑元件：可以理解为电影中的小电影，它完全独立于场景时间轴，并且可以重复播放，也就是说，即便它在主场景的时间轴上只占 1 帧，也可以完全播放其中的动画，需要注意的是影片剪辑元件中的动画只能在影片测试时才能播放。

（2）图形元件：可以重复使用的静态图像，一般是一副静止的画面，也可以用来制作动画，但是它要依附于场景时间轴播放。

（3）按钮元件：用于制作交互动画，包含 4 个关键帧，每个关键帧中可以嵌套图形或影片剪辑元件，但它的时间轴不能播放，需要根据鼠标指针的动作做出响应，如当鼠标指向、滑过或者按下时，通过给按钮添加动作可以跳转到相应的帧，从而制作出各种交互动画。

3．实例

当元件从库中拖放到舞台上，称为该元件的一个实例，一个元件可以有很多个实例，而一个实例只归属某一个元件。可以对实例进行整体缩放、旋转、调色等操作，还可以单独对某个实例进行命名以方便操作，如图 3-2-2 所示。

图 3-2-2　设置实例名称

三种类型的元件在舞台上的实例都可以相互转换角色，方法是在属性面板中更改类型。例如使用影片剪辑元件实例时，可以把它转换为图形类型，以设置起始帧数，如图 3-2-3 所示。

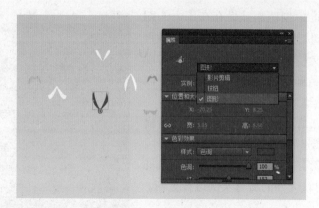

图 3-2-3　修改实例类型

3.2.1.2　基本操作

1．创建新元件

有以下三种元件创建方法：

（1）菜单命令。选择菜单"插入"→"元件"命令，即可弹出"创建新元件"对话框，输入元件名称，选择元件类型，单击"确定"按钮即创建了一个新元件，如图 3-2-4 所示。

（2）快捷键。按下快捷键【Ctrl+F8】，弹出"创建新元件"对话框。

（3）库面板。按下快捷键【Ctrl+L】打开库面板，单击库面板下方的"创建新元件"按钮，弹出"创建新元件"对话框。

2．转换为元件

有以下两种转换为元件的方式：

（1）菜单命令。选中某个对象，选择菜单"修改"→"转换为元件"命令，即可弹出"转换为元件"对话框，输入元件名称，选择元件类型，单击"确定"按钮即创建了一个新元件，如图 3-2-5 所示。

图 3-2-4　"创建新元件"对话框

图 3-2-5　"转换为元件"对话框

（2）快捷键。选中某个对象，按下快捷键【F8】，弹出"转换为元件"对话框。

> **注意**：转换为元件不能够形成动画，转出的仅为场景中的一帧静态画面。

3．编辑元件

有以下两种方式进入元件编辑层级：

（1）打开库面板，右击元件选择"编辑"命令即进入该元件的编辑层级。

（2）在舞台上，双击某个元件的实例即进入该元件的编辑层级。

> **注意**：进入元件编辑层级后，可以在文档左上角的标题栏下方查看当前所处的编辑层级，单击元件名称即可切换到该元件编辑层级，单击"场景 1"即可回到主场景，如图 3-2-6 所示。

图 3-2-6　切换编辑层级

4．通过实例属性设置制作多彩对象

元件不仅可以重复使用，还可以通过设置该元件不同实例的属性制作出千变万化的效果。例如，米老鼠的图形元件，通过调节属性面板的"色彩效果"中的各个参数，可以制作出各种效果，如图 3-2-7 ～图 3-2-11 所示。

图 3-2-7　无色彩效果

图 3-2-8　调节"亮度"参数实例效果

图 3-2-9　调节"色调"参数实例效果

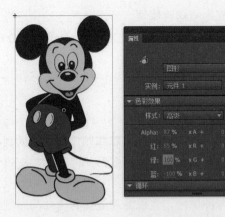

图 3-2-10　调节"高级"参数实例效果

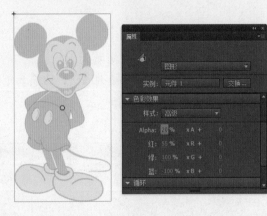

图 3-2-11　调节"Alpha"参数实例效果

3.2.2　案例分析

　　元件是 Flash 二维动画中最基本的元素，在 Flash 制作过程中，大部分是通过元件完成的。本案例通过将逐帧动画制作成元件，并巧妙对元件的实例进行色调、播放效果等设置，制作一群飞鸟列队飞翔的动画。整体动画效果为碧海蓝天，飞鸟共还，寓意着团圆与幸福，可作为中秋节贺卡，如图 3-2-12 所示。

图 3-2-12　中秋节贺卡

在具体技术层面，本案例根据逐帧动画原理，对小鸟飞翔动作进行分解，并逐格绘制，制作小鸟飞翔的逐帧动画，然后创建多个小鸟飞翔图形元件的实例，分别设置各实例的色调和动画起始帧数，完成一群飞鸟的动画制作。

3.2.3 案例目标

（1）能够将动画技法应用到二维动画制作过程中，理解并分解小鸟飞翔动作，将小鸟飞翔分解为若干个关键画面，并分别绘制到关键帧中，熟练制作出逐帧动画。

（2）通过项目训练，能够理解元件概念，理解图形元件和影片剪辑元件的区别，能够根据动画制作需要正确创建不同类型的元件。

（3）能够正确设置图形元件各种属性，完成美观流畅的飞鸟动画制作。

3.2.4 制作过程

3.2.4.1 制作背景

（1）从互联网上下载素材图片，画面内容为碧海蓝天。

（2）打开 Photoshop，打开素材图片，按下快捷键【M】切换为矩形选框工具，修改工具属性栏"样式"为"约束比例"，如图 3-2-13 所示。

图 3-2-13　矩形选框设置

（3）根据背景设计需求在素材图片上绘制选区范围。

（4）选择"图像"→"裁剪"命令剪裁图片，将四周不需要的画面去掉，只保留需要的内容。

（5）选择"图像"→"图像大小"命令，弹出"图像大小"对话框，选择"约束比例"复选框，修改图像像素宽度为 900，则高度自动变为 600，如图 3-2-14 所示。

图 3-2-14　修改图像大小

（6）保存图像为 JPEG 格式，存储品质设置为"8"，背景图片如图 3-2-15 所示。

图 3-2-15　背景图片

3.2.4.2　制作飞鸟逐帧动画

（1）新建 Flash 文档，大小为 900 px × 600 px。

（2）图层 1 重命名为"背景"，按下快捷键【Ctrl+R】弹出"导入"对话框，选择已处理好的背景图片，打开信息面板，设置图片 X、Y 坐标均为 0，使之完全覆盖舞台。

（3）按下快捷键【Ctrl+F8】建立新元件，命名为"一只飞鸟"，元件类型为"图形"。根据动画原理分解飞鸟动作为九个关键画面，按下快捷键【N】切换为线条工具，绘制分解动作第一个关键帧，如图 3-2-16 所示。

（4）在时间轴第 2 帧处按下快捷键【F7】创建空白关键帧，绘制第二个分解动作，同理，分别在第 3、4、5、6、7、8、9 帧中绘制其他分解动作，如图 3-2-17 所示。

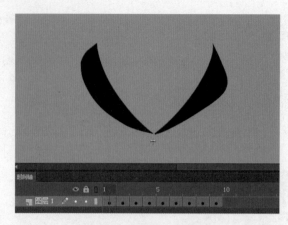

图 3-2-16　绘制第一个关键帧

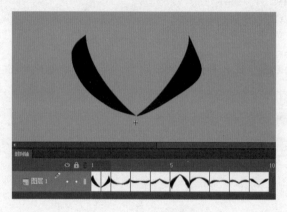

图 3-2-17　动作分解关键帧

3.2.4.3　制作一群飞鸟动画

（1）按下快捷键【Ctrl+F8】建立新元件，命名为"一群飞鸟"，元件类型为"影片剪辑"。

（2）按下快捷键【Ctrl+L】打开库面板，拖动"飞鸟"元件到场景中，按下快捷键【Q】切换为任意变形工具，调整好飞鸟大小。

（3）选择飞鸟图形元件，打开属性面板的"色彩效果"选项，在"样式"中选择"色调"选项，设置飞鸟图形元件色调为白色，如图 3-2-18 所示。

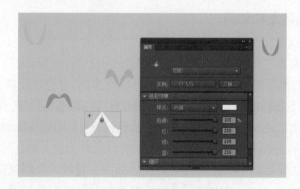

图 3-2-18　修改图形元件色调

（4）在属性面板中打开"循环"选项，设置动画在循环播放时的起始帧即第一帧的数值，如图 3-2-19 所示。

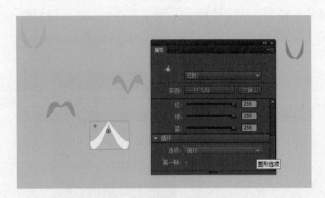

图 3-2-19 修改动画起始帧

（5）复制多个"一只飞鸟"图形元件的实例，排列位置，修改大小，并分别设置不同的色调和不同的起始帧，如图 3-2-20 所示。

图 3-2-20 设置多个图形元件

（6）在第 9 帧按下快捷键【F5】创建普通帧，为飞鸟设置足够的飞翔帧数。

（7）返回主场景，锁定背景图层，新建图层命名为"飞鸟"，从库中拖动"一群飞鸟"影片剪辑元件到舞台上，调整好大小和位置，如图 3-2-21 所示。

图 3-2-21 制作一群飞鸟

3.2.4.4 制作文字动画

（1）新建图层，命名为"白底"，绘制白色矩形，选中矩形，按下快捷键【F8】转换为元件，修改元件色彩效果属性，设置 Alpha 值为 88，文字半透明白底效果如图 3-2-22 所示。

图 3-2-22　设置文字半透明白底效果

（2）新建元件命名为"文字动画"，分别新建图层，每个图层放置一行文字，并制作文字逐行渐出动画，并在最后一个关键帧添加停止动作，文字效果如图 3-2-23 所示。

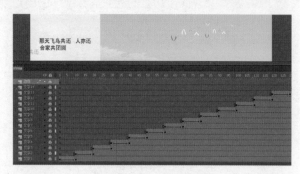

图 3-2-23　文字效果

（3）回到场景，新建图层命名为"文字"，将文字动画元件拖放到场景中，按下快捷键【Ctrl+Enter】预览动画效果并进行微调，也可以根据自己的创意制作文字消失动画，时间轴如图 3-2-24 所示。

图 3-2-24　时间轴设置

（4）添加背景音乐。新建图层命名为"音乐"，按下快捷键【Ctrl+R】弹出"导入"对话框，导入音乐素材，按下快捷键【Ctrl+L】打开库，拖动音乐素材到场景中，按下快捷键【Ctrl+Enter】测试影片。

3.2.5　能力拓展

通过逐帧动画技术，制作七彩气球等效果，如图 3-2-25 所示。

图 3-2-25　七彩气球

（1）新建 Flash 文档。

（2）导入背景图片，调整好大小和位置，使其完全覆盖住场景。

（3）新建图形元件，分图层绘制气球图形。

（4）新建影片剪辑元件，选中第 1 帧，将气球元件从库中拖入舞台中，在下方绘制栓绳，如图 3-2-26 所示。

图 3-2-26　影片剪辑元件

（5）在第 5 帧创建关键帧，删除原来的栓绳，重新绘制栓绳形态，模拟随风摆动效果，如图 3-2-27 所示。

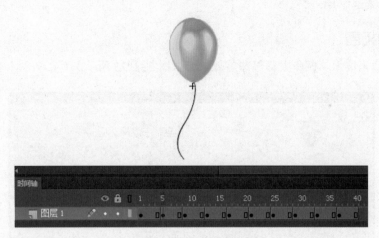

图 3-2-27　第 5 帧画面效果

（6）同理，分别创建其他关键帧，绘制栓绳随风摆动的不同动作分解图，如图 3-2-28 所示。

图 3-2-28　时间轴预览

（7）回到主场景，将随风摆动的气球影片剪辑元件拖入舞台中，放在背景图上面，预览动画效果。

3.3　愚人节贺卡

3.3.1　知技准备

3.3.1.1　基础知识

1. 图形元件与影片剪辑元件的区别

（1）影片剪辑元件本身可以加入动作语句和声音，图形元件则不能。

（2）影片剪辑元件的播放不受场景时间线长度的制约，它有元件自身独立的时间线，图形元件的播放则完全受制于场景时间线，场景中时间线必须具有足够的长度才能完全播放。

（3）影片剪辑元件在场景中按下【Enter】键测试时是看不到实际效果的，只能在按下快捷键【Ctrl+Enter】预览动画时才看得到，而图形元件在场景中可以随时观看动画效果。

2．二维动画制作中的音频常用的格式

通常情况下，Flash 能够很好地支持 WAV、MP3 以及 AIFF 音频格式的播放和控制，如果机器上装有 Quicktime4 或者更高版本，还可以支持更多的格式。WAV 格式的音频音质很高，同时文件也很大。AIFF 格式的音频是 Macromedia 产品中广泛使用的一种数字音频格式。MP3 是一种音频压缩技术，其全称是动态影像专家压缩标准音频层面 3，简称为 MP3，它被设计用来大幅度地降低音频数据量，可以将音乐以 1:10 甚至 1:12 的压缩率，压缩成容量较小的文件，而重放的音质与最初的不压缩音频相比没有明显的下降。

由于声音文件本身比较大，会占有较大的磁盘空间和内存，所以在制作动画时尽量选择效果相对较好、文件较小的声音文件。MP3 声音数据是经过压缩处理的，比 WAV 或 AIFF 文件小，因而也经常用在动画制作中。

二维动画中最佳标准 MP3 音频编码格式为 44100Hz 采样率、128Kbit/s 比特率、双声道立体声。由于一些 MP3 文件不是标准的系统编码的音频数据，并不是以上所有的编码格式 Flash 都能支持，在向 Flash 软件中导入音频文件时经常会报错"读取文件时出现问题，一个或多个文件没有导入"，此时可以使用一些音频处理小软件解码音频，然后再保存为标准格式重新生成音频。

3.3.1.2 基本操作

1．图层

使用时间轴左侧图层部分的控件，可以进行层的各种操作。

1）创建新图层

新建文档后时间轴上默认只有一个图层，名称为"图层 1"，单击时间轴左侧图层列表区底部的新建图层图标，即在当前图层的上方增加一个新的空白图层，名称为"图层 2"。

2）重命名图层

单击某一图层即选择当前图层，当前图层颜色为棕色底色。双击图层名称可以进行修改，必要时可以新建图层文件夹来管理部分图层。

3）删除图层

单击图层列表下方的删除图标可以删除当前图层，同时该图层中的所有内容也会一并删除。

4）调整图层顺序

Flash 软件通过图层的上下叠加最终形成图像和动画，上面图层的内容会遮盖住下面图层的内容，按住鼠标左键拖动图层到相应的位置，可以调整图层的上下顺序。

5）显示与隐藏所有图层

图层列表最上方的眼睛图标用来显示或隐藏所有图层，单击该图标，所有图层上出现错号标志，即隐藏所有图层内容，再次单击图标错号消失，即显示所有图层内容。

6）显示与隐藏单个图层

每个图层名称的右侧有两个小黑点图标，其中眼睛图标下方对应的小黑点用于显示或隐藏当前图层。单击当前层对应的小黑点出现错号标志，即隐藏当前图层内容，再次单击图标错号消失，即显示当前图层内容。

7）锁定与解锁图层

在 Flash 时间轴上，操作对象为当前图层的当前帧中的内容，但是在操作过程中，很容易误操作其他图层。例如框选对象时，可能会把其他图层中的内容也选中，此时可以锁定当前图层之外的其他图层，被锁定图层无法进行任何操作，从而起到保护图层的作用。

图层列表最上方的小锁图标用来锁定或解锁所有图层，单击该图标，所有图层上出现小锁标志，即锁定所有图层，锁定后无法再对图层进行任何操作，再次单击图标小锁消失，即解锁所有图层。

每个图层的右侧，小锁图标下方对应的小黑点图标，用于锁定或解锁当前图层。单击当前层对应的小黑点图标，即锁定当前图层，再次单击图标小锁消失，即解锁当前图层。

8）显示图层轮廓

图层列表最上方的方框图标，用于是否显示所有图层中对象的轮廓，每个图层的右侧，方框图标下方对应的小黑点图标，用于是否显示当前图层中对象的轮廓。隐藏图层、锁定图层、显示图层轮廓等功能可以为编辑动画提供方便，也可以作其他作用灵活使用。

2．如何熟练操作帧

选择帧时要特别注意鼠标指针的形状，当鼠标指针是白箭头时才能选择，单击即选中一个帧，选中的帧是黑色的，同时该帧中的所有内容也都被选中，因而选择帧可以用作全选命令。当指针是白箭头时拖动鼠标，即选择多个帧，注意拖动鼠标时不要有停顿，否则会移动帧的位置，而不是拖动选择了。

插入帧的方法是先确定插入位置，右击选择"插入帧"命令即可，选中帧后右击选择"删除帧"命令，则删除帧，注意【Delete】键的作用是删除该帧中的内容不删除帧。

3．新建元件及转换元件

当从头建立一个元件时可以选择新建命令，当新建的元件需要和背景等画面对应位置和大小时，可以在场景中先摆放好其他元素，然后新建图层，以现有画面为基础绘制元件对象，再选中对象将其转换为元件，这样元件就不会过大或者过小了。

4．管理元件

元件的管理在库面板中进行，在库面板中可以创建许多文件夹，对不同类别的元件进行分类管理。随着动画制作过程的进展，库中的项目将变得越来越杂乱，一些元件没用上，却浪费着宝贵的源文件空间，从库右上角下拉菜单中选择"选择未用项目"命令，Flash 会把这些未用的元件全部选中，再选择菜单中的删除命令或者直接单击"删除"按钮，就可以将它们删除，如图 3-3-1 所示。

删除未使用元件的操作需要重复几次，因为有的元件内还包含大量其他"子元件"，第一次显示的往往是"母元件"，"母元件"删除后，其他"子元件"才会暴露出来。清除后库面板会变得条理清晰，同时也会大大减小源文件大小。

图 3-3-1 删除未使用项目

3.3.2 案例分析

　　元件的应用将渗透到今后学习动画的所有类型中，在动画制作过程中要根据需要创建不同类型的元件，本案例即通过"直接复制"元件得到两种不同效果的动画。同时，动画制作还需要音频、视频等多媒体元素的加盟，本案例在前面案例加入背景音乐的基础上，要求配音并进行声画对位。整体动画效果为一张笑脸上露出一排牙齿，咯咯笑时不经意间笑掉了一颗大牙，寓意着知足常乐，开心就好，可以作为愚人节贺卡，如图 3-3-2 所示。

图 3-3-2 笑掉大牙

3.3.3 案例分析

　　（1）进一步理解元件概念，能够根据动画需要选择正确的元件类型。

　　（2）能够在库面板中管理元件。

　　（3）能够熟练操作音频编辑软件 WaveCN，对音频进行编辑。

　　（4）能够在制作动画时实现声画对位效果。

3.3.4 制作过程

3.3.4.1 绘制笑脸

（1）新建 Flash 文档，大小为 800 px × 600 px。

（2）按下快捷键【Ctrl+F8】新建图形元件，命名为"笑脸"，将该元件的图层 1 重命名为"脸"。

（3）按下快捷键【O】切换为椭圆工具，绘制脸部轮廓，按下快捷键【Shift+F9】打开颜色面板，颜色类型选择线性渐变，设置橙色到黄色渐变，填充颜色，按下快捷键【F】切换为渐变色调整工具，调整好渐变色，如图 3-3-3 所示。

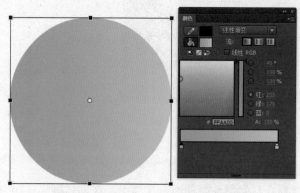

图 3-3-3 绘制脸部

（4）新建图层命名为"眼眉"，综合使用线条工具和选择工具绘制眼睛和眉毛，并调整好位置，如图 3-3-4 所示。

图 3-3-4 绘制眼眉

（5）回到场景，图层 1 重命名为"笑脸"，按下快捷键【Ctrl+L】打开库面板，拖动"笑脸"图形元件到舞台上，调整好大小和位置。

3.3.4.2 制作动画

（1）在场景中，新建图层命名为"掉牙前咯咯笑"，使用线条工具或者椭圆工具分别绘制鼻孔和嘴巴，如图 3-3-5 所示。

（2）选中嘴巴，按下快捷键【F8】，将所选择对象转换为影片剪辑元件，命名为"掉牙前咯咯笑"，此时进入该元件编辑层级。

（3）在第 5 帧上按下快捷键【F6】创建关键帧，将鼻子和嘴巴向上移动 10 px，在第 8 帧上按下快捷键【F5】创建普通帧，至此完成掉牙前鼻子和嘴巴上下咯咯笑的动画效果，如图 3-3-6 所示。

图 3-3-5　绘制鼻孔和嘴巴

图 3-3-6　掉牙前咯咯笑

（4）打开库，在"掉牙前咯咯笑"影片剪辑元件上右击，选择"直接复制"命令，即复制出一个新的影片剪辑元件，重命名为"掉牙后咯咯笑"，如图 3-3-7 所示。

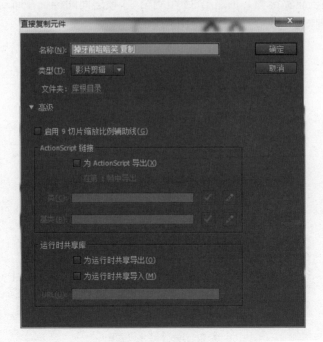

图 3-3-7　复制元件

（5）双击打开"掉牙后咯咯笑"影片剪辑元件，即进入该元件编辑层级，选中第1帧，将准备掉的那个牙齿修改为黑色，同样，选中第5帧，将准备掉的那个牙齿也修改为黑色，至此完成掉牙后鼻子和嘴巴上下咯咯笑的动画效果，如图3-3-8所示。

（6）回到场景，新建图层命名为"掉牙"，在第35帧按下快捷键【F6】创建关键帧，绘制准备飞出的牙齿，如图3-3-9所示。

图3-3-8　掉牙后咯咯笑　　　　　　　　　　　　图3-3-9　绘制牙齿

（7）在第45帧创建关键帧，创建第35帧到第45帧之间的传统补间动画，选中第45帧，将该处的牙齿拖动到舞台之外，如图3-3-10所示。

图3-3-10　制作牙齿动画

（8）选中第35帧到第45帧之间的任意一帧，打开属性面板，设置"旋转"为顺时针1圈，如图3-3-11所示。

图 3-3-11　设置旋转

（9）在属性面板中，设置"缓动"值为"100"，作用是牙齿在飞落的过程中做减速运动，如图 3-3-12 所示。

图 3-3-12　设置缓动

（10）打开信息面板，记录"嘴巴"图层中"掉牙前咯咯笑"元件实例的 X 和 Y 坐标值。

（11）新建图层命名为"掉牙后"，在第 46 帧创建关键帧，从库中拖动"掉牙后咯咯笑"元件到舞台上，打开信息面板，输入"掉牙前咯咯笑"元件实例的坐标值。

（12）检查各图层帧数，将多余的帧删除。

3.3.4.3　添加音效

（1）下载并安装音频编辑软件 WaveCN。

（2）打开 WaveCN，选择菜单"媒体控制"→"录音"命令，弹出"录音"对话框，"音质"设置为 44.1KHz，录音端口根据个人计算机硬件配置选择"内置式麦克风"或者"外部麦克风"复选框，设置"录音方式"为"录制到临时文件让 WaveCN 自动打开"，如图 3-3-13 所示。

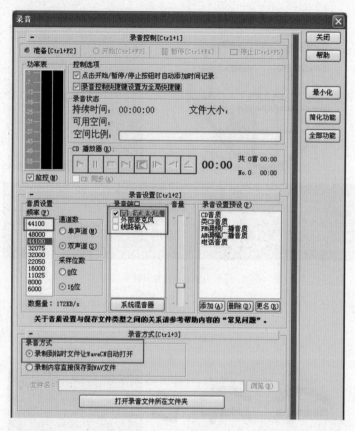

图 3-3-13 录音设置

（3）单击"准备"按钮，然后单击"开始"按钮，此时便可以对着麦克风进行录音了，录音时功率表会自动跳动，可以暂停录音再接着录制，录制完毕后单击"停止"按钮，关闭对话框，则自动返回软件，观察界面，已经自动生成了声音的波形，如图 3-3-14 所示。

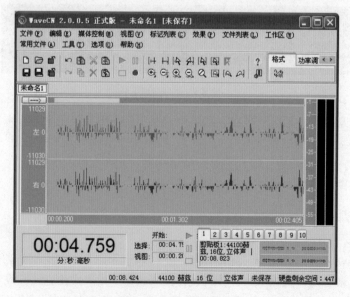

图 3-3-14 声音编辑界面

（4）使用复制、粘贴、剪切、删除等命令编辑声音。

（5）保存音频，选择格式为 mp3，比特率选择 128K，如图 3-3-15 所示。

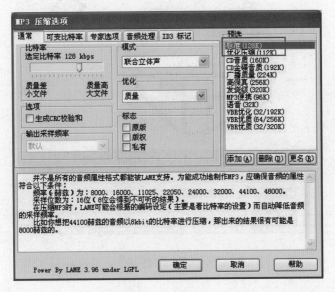

图 3-3-15　保存音频

（6）回到 Flash 文档，新建图层命名为"音频"，在牙齿即将掉落的一帧（本例为第 35 帧）上按下快捷键【F6】创建关键帧，按下快捷键【Ctrl+R】导入编辑好的音频文件。

（7）创建新元件命名为"文字动画"，分别新建图层，每个图层放置一行文字，并制作文字逐行渐出动画，如图 3-3-16 所示。

图 3-3-16　文字效果

（8）按下快捷键【Ctrl+Enter】预览动画效果并进行微调，时间轴设置如图 3-3-17 所示。

图 3-3-17　时间轴设置

3.3.5　能力拓展

通过逐帧动画技术设计不同的笑脸，可以设计千姿百态的笑掉大牙效果，如图 3-3-18 ～图 3-3-21 所示。

图 3-3-18　笑掉大牙 1

图 3-3-19　笑掉大牙 2

图 3-3-20　笑掉大牙 3

图 3-3-21　笑掉大牙 4

（1）新建 Flash 文档。

（2）新建图形元件，分图层绘制自己所设计的笑脸。

（3）回到主场景，将笑脸元件拖入舞台，新建图层，制作掉牙动画，步骤参考愚人节贺卡。

（4）预览动画效果并微调动作。

思考与练习

一、选择题

1. 将舞台中的元件调整颜色为红色，库中的元件会出现（　　）。

　　A. 元件变为红色或蓝色

　　B. 元件不变色

　　C. 元件被打破，分成一组组单独的对象

　　D. 元件消失

2. 关于设置元件种类的正确描述是（　　）。

　　A. 在"新建元件"对话框中，提前设置元件的种类

　　B. 在"库"中选择元件，执行"属性"命令来更改元件的种类

　　C. 在"转换为元件"对话框中，更改元件种类

　　D. 以上说法均正确

3. 在元件"属性"对话框中，可以更改元件属性为（　　）。

　　A. 影片剪辑　　　　　　B. 按钮　　　　　　C. 图形　　　　　　D. 位图

4. 关于元件的编辑，以下操作错误的是（　　）。

　　A. 在库中双击元件，即可进入编辑元件的模式，进行编辑

　　B. 若元件在舞台上，可双击元件进入编辑元件的模式，进行编辑

　　C. 在舞台上，双击元件舞台空白处，即可关闭编辑元件模式

　　D. 单击舞台顶部"场景"按钮，即可关闭编辑元件模式

5. 关于图形元件的正确描述是（　　）。

　　A. 可以转换为按钮元件和影片剪辑元件

　　B. 是静态元件

　　C. 可以重新进行编辑

　　D. 可以添加进按钮元件和影片剪辑元件

6. 关于图形元件的正确描述是（　　）。

　　A. 图形元件可重复使用

　　B. 图形元件不可重复使用

　　C. 可以在图形元件中使用声音

　　D. 可以在图形元件中使用交互式控件

7. 使用元件的优点是（　　）。

　　A. 节省空间　　　　　　　　　　　　　B. 节省操作时间

　　C. 调动灵活　　　　　　　　　　　　　D. 没有什么优点

8. 以下关于使用元件优点的叙述不正确的是 (　　)。

    A. 使用元件可以使电影的编辑更加简单化

    B. 使用元件可以使发布文件的大小显著地缩减

    C. 使用元件可以使电影的播放速度加快

    D. 使用电影可以使动画更加漂亮

9. 关于元件下列说法错误的是 (　　)。

    A. 元件存放在库中

    B. 元件不可被拆分

    C. 可以制作形状补间动画

    D. 元件有三种类型

10. 下列关于元件和图形的异同说法正确的是 (　　)。

    A. 元件和图形可以相互转化

    B. 动画中的图形和元件均存放在库中，以便多次使用

    C. 图形可用于制作动作补间动画

    D. 元件制作时不可使用图形

二、判断题

1. 图形元件单独没有动画效果，必须配合主舞台时间轴动画片段。　　　　　　　　(　　)

2. 根据需要，Flash 中的元件可以不存放在库中。　　　　　　　　　　　　　　(　　)

3. Flash 中元件既可以是一个静止的图形也可以是一个动画短片。　　　　　　　(　　)

4. 修改元件不影响实例，修改实例要影响元件。　　　　　　　　　　　　　　　(　　)

5. 逐帧动画是指将动画分成若干帧，一帧就是一副画面，它有很大的灵活性，几乎可以表现任何想表现的内容。　　　　　　　　　　　　　　　　　　　　　　　　　(　　)

三、问答题

1. Flash 二维动画产生的原理是什么？

2. 创建逐帧动画有哪几种方法？

3. 什么是元件？元件有哪些优点？

4. 什么是实例？元件和实例有什么区别和联系？

第 4 章

风 景 动 画

补间动画是 Flash 中非常重要的表现手段之一，它是在一个关键帧上放置一个元件，然后在另一个关键帧改变这个元件，Flash 将自动创建中间动画，在 Flash 动画制作中补间动画分为形状补间动画与传统补间动画两种。本章通过三个案例，训练形状补间动画与传统补间动画的制作技法，并进一步提高动画审美能力，主要知识技能点包括补间动画、传统补间、形状补间、元件。

4.1　海上灯塔

4.1.1　知技准备

4.1.1.1　基础知识

1．补间动画

在制作 Flash 二维动画时，在两个关键帧中间需要做"补间动画"，才能实现图画的运动，插入补间动画后两个关键帧之间的过渡帧是由计算机自动运算得到的。Flash 二维动画制作中补间动画分两类：一类是形状补间用于形状的动画；另一类是传统补间用于图形及元件的动画，即形状补间动画与传统补间动画。

2．传统补间动画

传统补间动画是指在 Flash 的时间轴上，在一个关键帧上放置一个元件，然后在另一个关键帧改变这个元件的大小、颜色、位置、透明度等，Flash 将自动根据二者之间的帧的值创建中间动画。

3．构成传统补间动画的元素

构成传统补间动画的元素是元件，包括影片剪辑、图形元件、按钮等，除了元件，其他元素包括文本都不能创建补间动画的，其他的位图、文本等都必须要转换成元件才行，只有把形状"组合"或者转换成"元件"后才可以做"传统补间动画"。

4.1.1.2 基本操作

1．创建传统补间动画

传统补间动画需要两个关键帧，首先在第一个关键帧中制作内容，然后转换为元件，再在时间轴上按下快捷键【F6】创建第二个关键帧，修改第二个关键帧中的元件位置等信息，最后在两个关键帧之间的任意一帧上右击选择"创建传统补间"命令就大功告成，时间轴呈现淡蓝色并且显示长箭头，如果出现虚线，则表示该动画创建失败。

2．创建补间动画

Flash CS4 及以上版本使用基于对象的动画对个别动画属性实现全面控制，它将补间直接应用于对象而不是关键帧。补间动画不再是通过设置开始帧和结束帧设置动画，而是只需要设置开始帧就可以做动画了。要正确创建补间动画，包括以下 4 个步骤：

（1）将需要做动画的元件置于关键帧中，如图 4-1-1 所示。

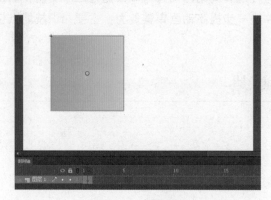

图 4-1-1　布置元件

（2）在要创建补间的这一层右击选择"创建补间动画"命令，这时图层变成淡蓝色，如图 4-1-2 所示。

图 4-1-2　创建补间动画

（3）观察时间轴，此时该图层已经具有补间动画，如图 4-1-3 所示。

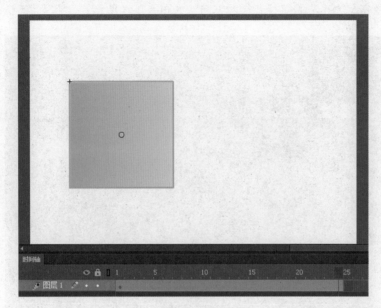

图 4-1-3　时间轴

（4）选择第 24 帧，移动元件，即完成了方形由左到右运动的动画，如图 4-1-4 所示。

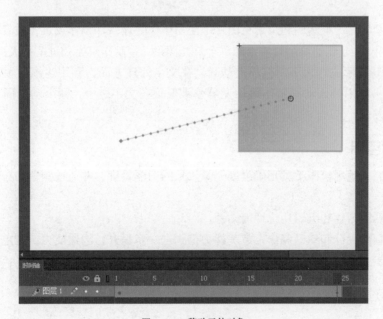

图 4-1-4　移动元件对象

4.1.2　案例分析

补间动画是一种在最大程度减小文件大小的同时创建随时间移动和变化的动画的有效方法，它也是 Flash 中非常重要的表现手段之一，它是在一个关键帧上放置一个元件，然后在另一个关键帧改变这个元件的大小、颜色、位置、透明度等，Flash 将自动根据二者之间的帧的值创建中间动画。本案例综合运用文字、图像、音乐等多媒体元素，动画效果为在茫茫的大海上，灯塔之光微明微亮，为迷茫的航行者指明方向，如图 4-1-5 所示。

图 4-1-5　海上灯塔

　　在具体技术层面，本案例利用素材图片，使用图像处理软件制作成黄昏或者夜景效果作为动画背景，使用 Flash 软件绘制灯塔上的单个灯光图形，并制作灯光扫过茫茫大海的动画效果，然后通过不断复制形成灯光不断循环的动画。在文字处理方面，利用逐帧动画制作文字逐个出现的效果，再利用补间动画制作跳动光晕效果覆盖在文字之上，两个动画同步进行，使文字动画更具动感。

4.1.3　案例目标

　　（1）能够综合运用绘图工具正确绘制光晕效果的图形轮廓，并通过颜色的巧妙设置实现光晕效果。

　　（2）能够熟练创建和编辑传统补间动画。

　　（3）通过画面设计和动画制作，审美能力得到进一步提升，沟通能力、制定方案和解决问题的能力进一步加强。

4.1.4　制作过程

4.1.4.1　制作背景

　　（1）打开 Photoshop 软件，打开背景素材图片，大小为 800 px × 600 px，如图 4-1-6 所示。

　　（2）按下快捷键【Ctrl+M】弹出"曲线"对话框，调整曲线以改变图像明暗度，如图 4-1-7 所示。调整后图像效果为暗部变亮，亮部变暗，以营造画面总体灰暗的效果，如图 4-1-8 所示。

图 4-1-6 背景图片

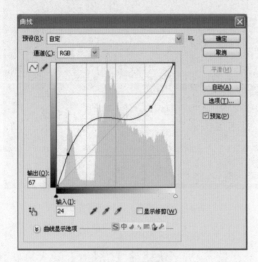

图 4-1-7 曲线调整

图 4-1-8 曲线调整效果

（3）按下快捷键【Ctrl+U】弹出"色相 / 饱和度"对话框，降低图像明度和饱和度，如图 4-1-9 所示。调整后图像效果为黑夜效果，如图 4-1-10 所示。

图 4-1-9　明度、饱和度调整

图 4-1-10　明度、饱和度调整效果

（4）新建 Flash 文档，大小为 800 px × 600 px。

（5）图层 1 重命名为"背景"，按下快捷键【Ctrl+R】导入调整好的背景图片，并调整图片位置使之与舞台相匹配。

4.1.4.2　制作灯光动画

（1）按下快捷键【Ctrl+J】打开文档设置面板，设置背景为黑色，如图 4-1-11 所示。

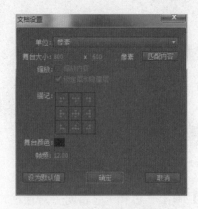

图 4-1-11　修改文档背景颜色

（2）按下快捷键【Ctrl+F8】新建影片剪辑元件，命名为"灯光单个"，按下快捷键【N】切换为线条工具，绘制灯光轮廓，如图 4-1-12 所示。

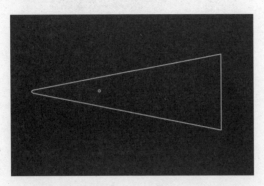

图 4-1-12　灯光轮廓

（3）打开颜色面板，设置白色渐渐透明的线性渐变，为灯光轮廓填充颜色，按下快捷键【F】切换为渐变色调整工具微调渐变色，最后删掉轮廓线，如图 4-1-13 所示。

图 4-1-13　灯光填色

（4）按下快捷键【Q】切换为任意变形工具，将灯光元件的注册点移动到左端，这样在制作动画时元件以左端为轴心进行运动，第 1 帧效果如图 4-1-14 所示。

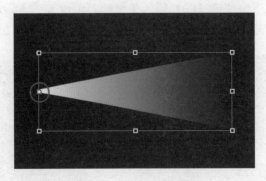

图 4-1-14　修改元件注册点

（5）在第 25 帧按下快捷键【F6】创建关键帧，创建第 1 帧到第 25 帧的传统补间动画，选中第 25 帧，按下快捷键【Ctrl+T】打开变形面板，取消锁定比例，将灯光横向缩放至 1.2%，第 25 帧效果如图 4-1-15 所示。

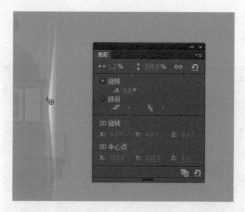

图 4-1-15 灯光缩小效果

（6）在第 26 帧、第 27 帧分别按下快捷键【F6】创建关键帧，选中第 26 帧，按下【Delete】键将灯光删除，该帧变为空白关键帧，在第 27 帧上按下快捷键【Ctrl+T】打开变形面板，设置"垂直倾斜"为 180°，灯光即水平翻转 180°，第 27 帧效果如图 4-1-16 所示。

图 4-1-16 灯光翻转效果

（7）在第 55 帧上按下快捷键【F6】插入关键帧，创建第 27 到第 55 帧的传统补间动画，选中第 55 帧，打开变形面板将灯光横向缩放至 100%，第 55 帧效果如图 4-1-17 所示。

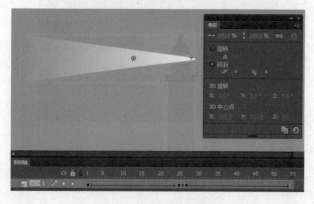

图 4-1-17 灯光放大效果

（8）按下快捷键【Ctrl+Alt+Enter】预览影片剪辑元件动画，此时动画效果为一个灯光从右到左扫过。

4.1.4.3 制作灯塔动画

（1）按下快捷键【Ctrl+F8】新建影片剪辑元件命名为"灯光一组"，图层 1 重命名为"灯光 1"。

（2）按下快捷键【Ctrl+L】打开库面板，拖动元件"灯光单个"到舞台上，在第 115 帧按下快捷键【F5】，以延长该元件停留时间。

（3）选中该实例，按下快捷键【Ctrl+I】打开信息面板，记录下该实例的 X 和 Y 坐标值。

（4）新建图层命名为"灯光 2"，在第 10 帧下快捷键【F6】，拖动元件"灯光单个"到舞台中，选中该实例，打开信息面板，设置相同的坐标值，使之与"灯光 1"图层中的元件实例位置对齐。

（5）同理，新建图层，分别命名为"灯光 3""灯光 4""灯光 5""灯光 6""灯光 7"，每个图层均放置一个"灯光单个"元件，利用信息面板将图形对齐。后一个灯光出现比前一个灯光出现的时间依次延长 10 帧，如图 4-1-18 所示。

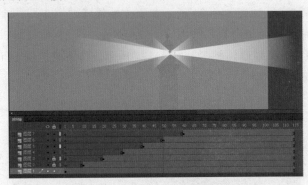

图 4-1-18 "灯光一组"时间轴设置

（6）按下快捷键【Ctrl+Alt+Enter】预览影片剪辑元件动画，此时动画效果为一组灯光依次从右到左扫过。

（7）回到场景，新建图层命名为"灯光"，从库中拖动"灯光一组"元件到场景中，按下快捷键【Q】切换为任意变形工具，根据灯塔调整好灯光的大小和位置，如图 4-1-19 所示。

图 4-1-19 调整灯光

（8）按下快捷键【Ctrl+Enter】预览影片，并根据动画效果进行微调。

4.1.4.4　制作文字动画

（1）回到场景，新建图层命名为"文字"，按下快捷键【T】切换为文字工具，输入文字"海上灯塔"，打开属性面板，设置字号、字体、颜色等信息，调整好文字大小和位置，如图 4-1-20 所示。

图 4-1-20　输入文字

（2）按下快捷键【Ctrl+B】打散文字，按下快捷键【F8】将打散文字转换为影片剪辑元件，命名为"文字"，双击文字进入该元件层级制作文字动画。

（3）分别在第 5、10、15 帧按下快捷键【F6】插入关键帧，第 1 帧删除"上""灯""塔"三个字，只保留"海"字，如图 4-1-21 所示。第 5 帧保留"海上"两个字，如图 4-1-22 所示。第 10 帧保留"海上灯"三个字，如图 4-1-23 所示。第 15 帧保留"海上灯塔"四个字，第 40 帧按下快捷键【F5】创建普通帧，如图 4-1-24 所示。按下快捷键【Ctrl+Enter】预览影片，动画效果为四个字依次逐个出现。

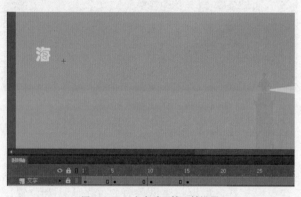

图 4-1-21　文字动画第 1 帧设置

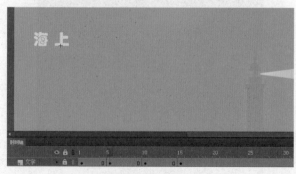

图 4-1-22　文字动画第 5 帧设置

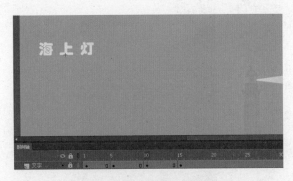

图 4-1-23　文字动画第 10 帧设置

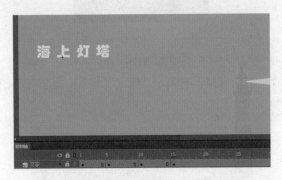

图 4-1-24　文字动画第 15 帧设置

（4）新建图层命名为"光晕"，按下快捷键【O】切换为椭圆工具，绘制一个正圆，打开颜色面板，设置中间为白色，外圈为黄色并渐渐透明的径向渐变，按下快捷键【K】切换为颜料桶工具，为圆形光晕填充渐变色，按下快捷键【F】切换为渐变变形工具，调整渐变色，如图 4-1-25 所示。

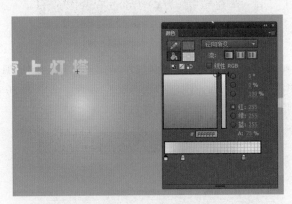

图 4-1-25　绘制光晕

（5）按下快捷键【Q】切换为任意变形工具，横向缩放光晕使之由圆形变为椭圆，调整好光晕位置和大小，使之与"海"字对齐。

（6）选中光晕，按下快捷键【F8】转换为影片剪辑元件，命名为"光晕动画"，双击光晕进入该元件层级编辑动画。在第 5 帧按下快捷键【F6】插入关键帧，创建第 1 帧到第 5 帧的传统补间动画，第 1 帧设置如图 4-1-26 所示。

图 4-1-26　光晕动画第 1 帧

（7）选中第 5 帧上的光晕，按下快捷键【Ctrl+T】打开变形面板，将光晕等比例缩放至 10%，打开属性面板，设置"色彩效果"选项中"样式"的 Alpha 值为 0，第 5 帧设置如图 4-1-27 所示。

图 4-1-27　光晕动画第 5 帧

（8）返回"文字"元件层级，在"光晕"图层，分别在第 5 帧、第 10 帧、第 15 帧创建关键帧，调整"光晕动画"元件各实例的位置，使之分别与文字对齐，选中第 20 帧，按下快捷键【F5】延长最后一个元件实例的显示时间，时间轴设置如图 4-1-28 所示。

图 4-1-28　时间轴设置

（9）按下快捷键【Ctrl+Enter】预览动画效果，并进行微调。

（10）按下快捷键【Ctrl+F8】新建影片剪辑元件命名为"音乐"，按下快捷键【Ctrl+R】导入音乐素材，从库中拖动音乐素材到舞台上，根据音乐时间长度创建普通帧播放音乐，时间轴及属性设置如图 4-1-29 所示。

图 4-1-29　导入音乐

（11）返回场景，新建图层命名为"音乐"，按下快捷键【Ctrl+L】打开库，拖动"音乐"元件到场景中，如图 4-1-30 所示。

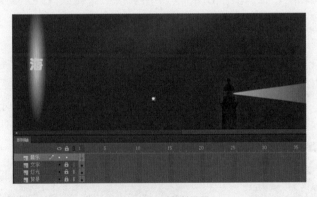

图 4-1-30　时间轴设置

（12）按下快捷键【Ctrl+Enter】测试影片。

4.1.5　能力拓展

在动画制作过程中，文字必不可少，如标题文字、内容文字、字幕文字等，运用补间动画可以制作出各种形式的文字特效，文字动画千变万化、多彩多姿，以下介绍三个典型案例。

典型案例一：风吹字

文字动画效果：文字散落一地，清风吹拂，文字随风而逝。

（1）新建 Flash 文档，大小为 800 px×600 px。

（2）图层 1 重命名为"背景"，按下快捷键【Ctrl+R】导入背景图片，按下快捷键【Q】

切换为任意变形工具，调整背景图片大小使之与舞台大小相当。在第 15 帧上按下快捷键【F5】创建普通帧，以延长画面停留时间，制作完毕锁定背景图层，如图 4-1-31 所示。

图 4-1-31　设置背景

（3）新建图层命名为"梦"，按下快捷键【T】切换为文字工具，输入文本"梦"。调整好文字位置，打开属性面板，设置字体、字号、样式、颜色等参数。

（4）选中文字，按下快捷键【F8】将文字转换为图形元件，命名为"梦"。

（5）在场景时间轴上，在"梦"图层第 15 帧上按下快捷键【F6】创建关键帧，创建第 1 帧到第 15 帧的传统补间动画，选中第 1 帧，将"梦"文字移动到场景左上角，按下【Space】键观察动画并进一步调整好位置。

（6）选中第 1 帧到第 15 帧之间的任意一帧，打开属性面板，设置"缓动"为 100，作用是让文字做减速运动。设置"旋转"为"顺时针"旋转一圈，如图 4-1-32 所示。

图 4-1-32　文字"梦"设置

（7）按下快捷键【Ctrl+Enter】预览文字飞入的动画效果，并根据预览效果微调动画。

（8）新建图层命名为"久"，在第 5 帧上按下快捷键【F6】创建关键帧，按下快捷键【T】输入文字"久"，调整文字位置，参数设置同"梦"。

（9）将文字"久"转换为图形元件并命名为"久"，在场景时间轴上，在"久"图层第 20 帧按下快捷键【F6】创建关键帧，创建第 5 帧到第 20 帧的补间动画，选中第 5 帧，将"久"文字移动到场景左上角，选中第 5 帧到第 20 帧之间的任意一帧，打开属性面板，设置"缓动"为 100，设置"旋转"为"顺时针"旋转一圈，如图 4-1-33 所示。

图 4-1-33　文字"久"设置

（10）同理，制作其他文字动画，重复步骤（3）～步骤（7），分别新建图层，依次制作"已""忘""身""是""蝶"等文字的飞入动画，注意后一个文字飞入时间比前一个文字飞入时间延迟 5 帧，每个文字动画时长均为 15 帧，时间轴设置如图 4-1-34 所示。

图 4-1-34　时间轴

（11）选中"梦"图层，创建第 70 帧到第 80 帧的补间动画。

（12）选中第 80 帧，按下快捷键【Ctrl+T】打开变形面板，设置文字旋转 20°，如图 4-1-35 所示。

图 4-1-35　旋转设置

（13）按下快捷键【V】切换为选择工具，将文字"梦"向右上方移动一段距离。打开属性面板，设置"Alpha"值为 0。

（14）按下快捷键【Ctrl+Enter】预览文字旋转并渐渐消失的动画效果，并根据预览效果微调动画，营造清风吹拂，文字散落的感觉。

（15）同理，制作其他文字被风吹散的动画。分别选择各个文字图层，重复步骤（1）~ 步骤（14），注意后一个文字消失时间比前一个文字消失时间延迟 5 帧，每个风吹文字动画时长均为 15 帧，时间轴设置如图 4-1-36 所示。

图 4-1-36　时间轴设置

（16）按下快捷键【Ctrl+Enter】预览动画效果。

典型案例二：叠加字

文字动画效果：逐个出现文字，在上一个文字即将飞走的同时出现下一个文字，最后所有文字并排为一行，关键步骤及画面效果如图 4-1-37 ~ 图 4-1-42 所示。

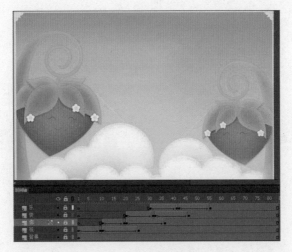

图 4-1-37　第 1 帧设置

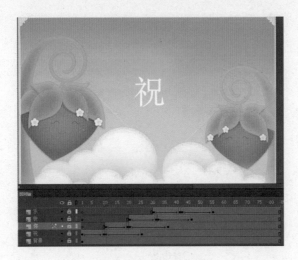

图 4-1-38　第 10 帧设置

图 4-1-39　第 20 帧设置

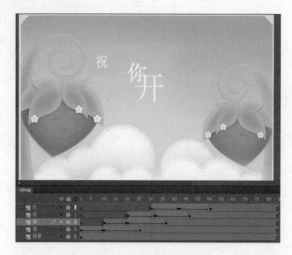

图 4-1-40　第 30 帧设置

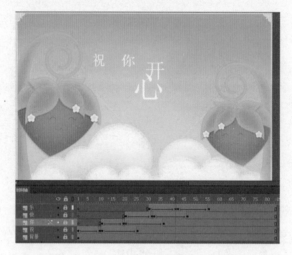

图 4-1-41　第 40 帧设置

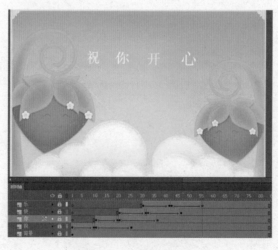

图 4-1-42　第 50 帧设置

典型案例三：跳跃字

文字动画效果：夜色如雾，完全把草坪染成了墨色，可爱的萤火虫闪闪发亮，金黄色的文字犹如其中一分子随之跳动，仿佛带着音乐一般，文字动画与萤火虫动画相得益彰，关键画面效果如图 4-1-43 所示。

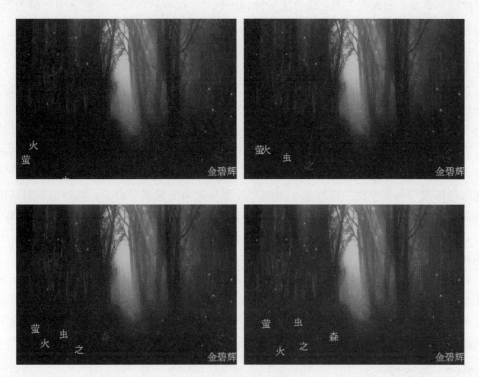

图 4-1-43　跳动字动画关键画面

4.2　小雨沙沙

4.2.1　知技准备

4.2.1.1　基础知识

1．补间动画与传统补间动画的区别

补间动画和传统补间的区别是在 Flash CS4 才出现的，传统补间动画的顺序是，先在时间轴上的不同时间点定好关键帧，之后在关键帧之间选择传统补间，这个动画是最简单的点对点平移，如果要制作曲线运动轨迹需要通过路径引导层实现。

传统补间动画是定头、定尾做动画，至少要有两个关键帧，而补间动画则是制作好元件后，不需要在时间轴的其他地方创建关键帧。直接在图层上选择补间动画，图层变成蓝色之后，在时间轴上选择需要加关键帧的地方，直接拖动元件就自动形成一个补间动画。补间动画的路径是可以直接显示在舞台上的，并且是有调节手柄可以调整的。在 Flash CS5 中创建补间动画则是定头、做动画（开始帧选中对应帧改变对象位置）。相比较而言，使用传统补间动画较多，它更容易控制和加载。

2．在 Flash 中实现位图的矢量化

矢量图容量小，放大无失真，具有无可比拟的优点，很多软件都可以把位图转换为矢量图，在 Flash 中位图转换为矢量图主要有三种方法：

（1）打散：打散后的位图不再是真正意义上的位图，而变成了矢量图，只不过这个矢量图由成千上万的小色块组成，在显示上与一般的矢量图有所区别。

（2）位图填充：在绘制图形时，除了填充颜色，还可以使用位图进行填充，虽然未进行打散，但填入某图形中的位图已经自动"矢量化"。

（3）位图矢量化：位图矢量化是将位图通过一定的方法和规则转换成矢量图形，尽管矢量图形在色彩层次的描述上与位图比稍显失真，看起来单调一些，但是却有许多位图所不能拥有的优点，如放大后不失真、边缘光滑清晰等。

选择"修改"→"位图"级联菜单中的"位图转化为矢量图"命令，在弹出的对话框中可以设置转化参数，其中"颜色阈值"和"最小区域"设置得越低，"角阈值"和"曲线拟合"设置得越加紧密（像素选项）、越多转角（平滑选项），得到的图像文件会越大，转换出的画面也越精细。

在制作动画的过程中，除非必要否则不建议进行位图矢量化，原因是如果按照最精细设置进行矢量化，假设有十万个像素，那么会有十万条矢量描述语句，将大大增加计算机运行负担，而且位图矢量化后那些极细小的矢量路径根本无法编辑。对于节点复杂的矢量图，按下快捷键【Ctrl+Alt+Shift+C】进行优化，可以大幅降低图片容量。

4.2.1.2 基本操作

1．矩形工具

矩形工具组包括矩形工具、基本矩形工具，快捷键【R】，要在二者之间进行切换，按下【Shift】键。椭圆工具组包括椭圆工具、基本椭圆工具，快捷键【O】，要在二者之间进行切换，快捷键【Ctrl+O】。此外，还有多角星形工具用来绘制形状。

矩形工具用于绘制矩形，按住【Shift】键可以绘制正方形，按住【Alt】键绘制可以以鼠标所在位置为中心点进行绘制。选择形状，在属性面板中可以设置各项参数。

1）位置和大小

X 和 Y 坐标值用于精确设置图形所在的位置，宽度和高度值用于精确设置形状大小，单击链接图标，可以锁定或者解锁图形的长宽比例。

2）填充和笔触

铅笔图标用于设置形状的轮廓颜色，颜料桶图标用于设置形状的填充颜色。"笔触"一栏用于设置线条轮廓的粗细，可以拖动滑块设置，也可以直接输入数值。"样式"一栏用于设置线条轮廓的形状，包括"实线""虚线""点状线""锯齿线""点刻线""斑马线"等，如图 4-2-1 所示。

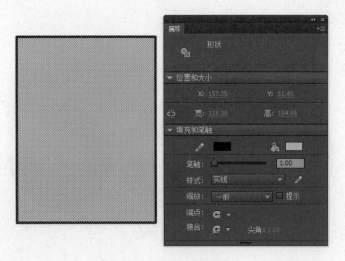

图 4-2-1　矩形工具属性面板

2．基本矩形工具

用于绘制矩形或者圆角矩形，在属性面板中"矩形选项"可以设置四个角的倒角数量，也可以通过拖动四个角节点的方式修改倒角大小，如图 4-2-2 所示。

单击属性面板中"矩形选项"参数设置下方的链接图标，可以锁定或者解锁四个角的参数，如图 4-2-3 所示。

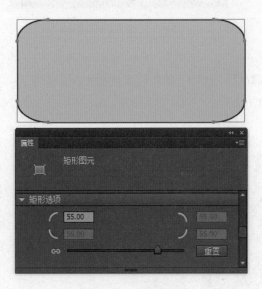

图 4-2-2　倒角设置 1

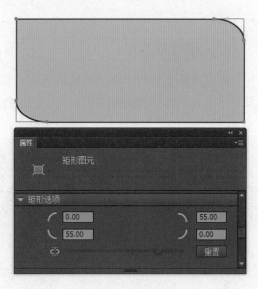

图 4-2-3　倒角设置 2

3．椭圆工具

用于绘制椭圆，按住【Shift】键可以绘制正圆，按住【Alt】键可以以鼠标所在位置为中心点进行绘制。属性面板参数设置与矩形工具类似。

4．基本椭圆工具

用于绘制椭圆或者不规则的圆。在属性面板中可以设置"开始角度""结束角度""内径"等参数，也可以通过拖动节点的方式来修改形状，如图 4-2-4 所示。

图 4-2-4　基本椭圆工具

5．多角星形工具

用于绘制多边形和星形，通过设置"工具设置"对话框的选项参数来绘制图形，如图 4-2-5 所示。

（1）样式：用于设置绘制多边形或星形。

（2）边数：用于设置多边形的边数或者星形的角数。

（3）星形顶点大小：用于设置星形顶点的大小，数值越大，顶点角度越大。

图 4-2-5　多角星形工具设置

6．任意变形工具

任意变形工具用来缩放或旋转图形，快捷键【Q】，使用任意变形工具选中某个对象后，对象四周会出现黑色框和调节手柄，如图 4-2-6 所示。

图 4-2-6　任意变形工具

1）任意调整图形大小

将鼠标放到图形边上拖动即可以进行图形大小的调整。

2）等比例缩放图形

在调整图形的时候，将鼠标的指针放到四个顶点的手柄上，拖动鼠标的同时按住【Shift】键即可实现等比缩放图形，也可以按住快捷键【Alt+Shift】实现不同的缩放方式。

3）对称缩放图形

所谓的对称缩放图形就是以水平或是竖直方向进行缩放的对称缩放，如果想要在水平方向进行缩放那么就将鼠标放到图形的左侧或是右侧，同时按住【Alt】键进行缩放即可。

4）旋转图形

将鼠标放到图形的角上就会出现旋转图形的提示，这时就可以进行旋转。更改图形的中心点还可以进行其他形式的旋转，所有的旋转都是以中心点为中心的，所以更改中心点的位置就可以更改旋转的方式。竖直方向对称缩放的方法一样。

5）自由变形

选择控制点后按住【Ctrl】键进行拖动即可对图形进行自由变形，可以随意更改图形的形状和大小。全选图形，选择一个控制点进行拖动，同时按下快捷键【Ctrl+Shift】，可以制作透视效果，如图 4-2-7 所示。

图 4-2-7　自由变形

4.2.2　案例分析

使用 Flash 软件，运用补间动画技巧，设计并制作动画"小雨沙沙"，动画效果为天色将晚雨漫天，游人渔者皆不见，如图 4-2-8 所示。

图 4-2-8　小雨沙沙

在具体技术层面，运用补间动画技巧，制作单个雨丝运动的动画，然后制作小雨点落入水中荡起圈圈涟漪的动画，同时制作水花溅起的动画。在舞台上复制出多个雨点落水动画，将所有实例分为前层和后层，前层雨丝大而且密，后层雨丝小而且稀，通过设置各实例不同的起始帧数和透明度，营造逼真的下雨效果。

4.2.3 案例目标

（1）理解补间动画与传统补间动画的区别。

（2）能够熟练创建和编辑传统补间动画。

（3）通过画面设计和动画制作，审美能力得到进一步提升，沟通能力、制定方案和解决问题的能力进一步加强。

4.2.4 制作过程

4.2.4.1 制作背景

（1）根据动画设计思想，使用 Photoshop 软件制作素材图片。

（2）新建 Flash 文档，大小为 550 px × 400 px，背景颜色为深蓝色。

（3）图层 1 重命名为"背景"，按下快捷键【Ctrl+R】弹出"导入"对话框，选择灯塔背景图片，调整位置使之完全覆盖舞台，如图 4-2-9 所示。

图 4-2-9 设置背景图片

4.2.4.2 制作雨滴动画

（1）按下快捷键【Ctrl+F8】建立新元件，命名为"下雨"，元件类型为"影片剪辑"。

（2）图层 1 命名为"雨丝"，绘制一根白色斜线为雨丝，为线条填充白色渐渐透明的效果，在第 20 帧按下【F6】键，创建第 1 帧到第 20 帧的补间动画，选中第 20 帧，将雨丝移动到左边斜下方。

（3）建按下快捷键【Ctrl+F8】建立新元件，命名为"水圈"，绘制一个白色的圆环作为水圈，填充渐变色使之形成半透明效果，将水圈调整为合适的大小，如图 4-2-10 所示。

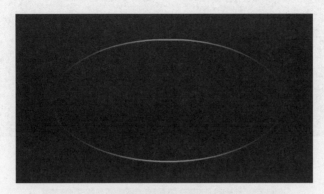

图 4-2-10　绘制水圈

（4）制作水圈由小到大，再由大到无的补间动画，第 1 帧设置如图 4-2-11 所示，第 10 帧设置如图 4-2-12 所示，第 20 帧设置如图 4-2-13 所示。

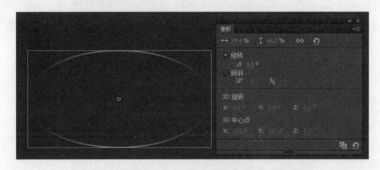

图 4-2-11　水圈动画第 1 帧

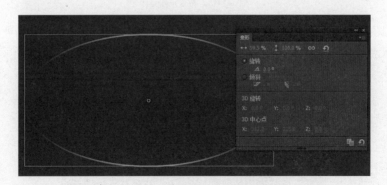

图 4-2-12　水圈动画第 10 帧

（5）打开库面板，双击"下雨"打开该元件，新建图层命名为"水圈"在第 20 帧按下【F6】键，从库中拖动"水圈"元件至场景中，参照落下的雨丝调整至合适的位置，并在第 40 帧按下【F5】键，如图 4-2-14 所示。

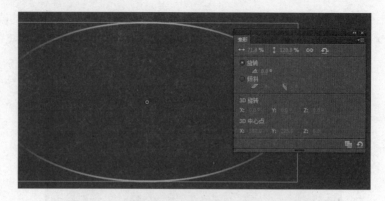

图 4-2-13 水圈动画第 20 帧

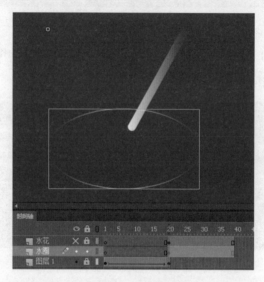

图 4-2-14 布置水圈元件

（6）新建图层命名为"水花"，绘制水花，填充渐变色使之形成半透明效果，按下快捷键【F8】转换为元件，命名为"水花"，元件类型为"影片剪辑"，如图 4-2-15 所示。

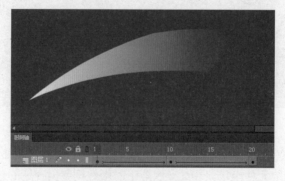

图 4-2-15 绘制水花

（7）分别在第 10 帧按下【F6】键，第 20 帧按下【F6】键，移动并变形水花，创建补间动画，第 1、10、20 帧画面效果如图 4-2-16 ～图 4-2-18 所示。

图 4-2-16　水花动画第 1 帧

图 4-2-17　水花动画第 10 帧

图 4-2-18　水花动画第 20 帧

（8）打开库面板,双击"下雨"打开该元件,新建图层命名为"水花"在第 20 帧按下【F6】键,从库中拖动"水花"元件至场景中,参照落下的雨丝和漾起的水花调整至合适的位置,右侧的水花通过变形面板沿竖直方向镜像即可，如图 4-2-19 所示。

图 4-2-19　布置水花

4.2.4.3　制作小雨动画

（1）返回场景，新建图层命名为"后层雨"，打开库面板，拖动"下雨"元件至场景中，复制多个，调整好大小和位置，按下快捷键【Ctrl+Enter】观察动画效果，可以看到一批雨丝同时落下，同时溅起水花，然后又一批雨丝整齐划一落下，整个动画呆板并且不能够连续下雨，如图 4-2-20 和图 4-2-21 所示。

图 4-2-20　雨丝动画效果

图 4-2-21　水圈水花动画效果

（2）打开属性面板，分别调整下雨图形元件各个实例"第一帧"的起始数值，并调整 Alpha 值设置透明度，以获取小雨错落有致、随机落下的效果，如图 4-2-22 所示。

图 4-2-22　设置属性

（3）新建图层命名为"前层雨"，同理，复制多个"下雨"元件实例，调整属性值，前层雨靠近视线，因而整体偏大并且紧密，后层雨远离视线，因而整体偏小并且稀疏，场景时间轴如图 4-2-23 所示。

图 4-2-23　时间轴设置

（4）按下快捷键【Ctrl+Alt+Enter】预览并微调动画。

4.2.5　能力拓展

　　Flash 软件的属性面板是随着当前选定内容而变化的，巧用补间动画帧属性面板，可以制作各种动画效果，方便快捷。

　　通过属性面板的"旋转"选项，可以制作时钟、风车转动等各种效果，如图 4-2-24 所示。

　　（1）新建 Flash 文档，按下快捷键【Ctrl+F8】新建图形元件命名为"时钟"，绘制除时针和分针之外的时钟画面，如图 4-2-25 所示。

图 4-2-24　光阴似箭　　　　　　　　　　　　　图 4-2-25　绘制时钟图形元件

　　（2）回到场景，图层 1 命名为"时钟"，从库中将"时钟"图形元件拖到场景中，在第 120 帧按下快捷键【F5】创建普通帧，延长画面停留时间。

　　（3）新建图层命名为"时针"，绘制时针，转换为图形元件，调整好位置使之与时钟对应，使用任意变形工具修改元件的注册点使之位于针柄中心，如图 4-2-26 所示。

图 4-2-26　修改注册点

　　（4）在第 120 帧按下快捷键【F6】创建关键帧，创建第 1 帧到 120 帧传统补间动画，选中补间动画任意一帧，属性面板设置顺时针旋转 1 圈。

　　（5）同理，制作分针动画，设置分针顺时针旋转 12 圈。

4.3 竹林听风

4.3.1 知技准备

4.3.1.1 基础知识

1. 形状补间动画

形状补间动画是在 Flash 的时间轴面板上，在一个关键帧上绘制一个形状，然后更改该形状或在另一个关键帧上绘制另一个形状，Flash 将内插中间帧的中间形状，创建一个形状变形为另一个形状的动画，它可以实现两个图形之间颜色、形状、大小、位置的相互变化。形状补间动画建立后，时间帧面板的背景色变为淡绿色，在起始帧和结束帧之间有一个长长的箭头。与传统补间不同，构成形状补间动画的元素是形状，而不能是元件、按钮、文字等，必先打散（快捷键【Ctrl+B】）后才可以做形状补间动画。

2. 形状提示的作用

形状提示会标识起始形状和结束形状中的相对应的点，以此能够控制更加复杂或罕见的形状变化。例如，要补间一张正在改变表情的脸部图画时，可以使用形状提示来标记每只眼睛，这样在形状发生变化时，脸部就不会乱成一团，每只眼睛还都可以辨认，并在转换过程中分别变化。

形状提示包含从 a 到 z 的字母，用于识别起始形状和结束形状中相对应的点。最多可以使用 26 个形状提示。起始关键帧中的形状提示是黄色的，结束关键帧中的形状提示是绿色的，当不在一条曲线上时为红色。

4.3.1.2 基本操作

1. 创建形状补间动画

以正方形变为圆为例，在时间轴的第 1 帧到第 20 帧之间创建形状补间。

（1）第 1 帧中，使用矩形工具绘制一个橙色正方形，如图 4-3-1 所示。

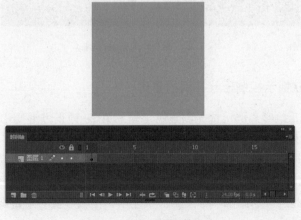

图 4-3-1 第 1 帧关键帧画面

（2）在第 20 帧按下快捷键【F7】创建空白关键帧，使用椭圆工具在第 20 帧中绘制一个绿色正圆，如图 4-3-2 所示。

图 4-3-2　第 20 帧关键帧画面

（3）在时间轴上，单击选择第 1 帧到第 20 帧之间的任意一帧右击，在弹出的快捷菜单中选择"创建补间形状"命令，Flash 即会将形状内插到这两个关键帧之间的所有帧中，预览动画，橙色正方形逐渐变形为绿色圆，如图 4-3-3 所示。

图 4-3-3　形状补间动画时间轴

2．巧妙使用形状提示控制形状补间的变化

以正方形变化为五角形为例，首先创建第 1 帧到第 20 帧正方形变化为五角形的形状补间动画，注意绘制的过程中图形没有轮廓线，如果希望正方形的四个角其中三个角与五角形的三个角相同，可以使用添加形状提示来制作这段动画，具体操作步骤如下：

（1）选择补间形状序列中的第一个关键帧，选择"修改"菜单"形状"级联菜单中的"添加形状提示"命令，此时自动添加一个起始形状提示，在该形状的某处显示一个带有字母 a 的红色圆圈，如图 4-3-4 所示。

图 4-3-4　添加形状提示

（2）使用选择工具，将该提示移动到要标记的点即正方形左上角，如图 4-3-5 所示。

图 4-3-5　移动形状提示

（3）选择补间序列中的最后一个关键帧。结束形状提示会在该形状的某处显示一个带有字母 a 的绿色圆圈，如图 4-3-6 所示。

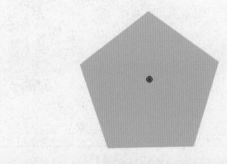

图 4-3-6　结束形状提示

（4）将形状提示移动到结束形状中与标记的第一点对应的点上，如图 4-3-7 所示。

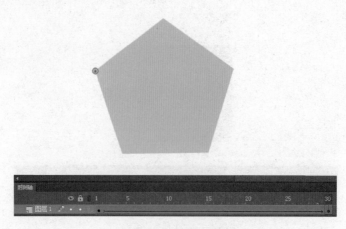

图 4-3-7　移动形状提示

（5）重复这个过程，添加另外两个角的形状提示，将出现新的提示，所带的字母紧接之前字母的顺序。在制作过程中，要显示形状提示，选择"视图"→"显示形状提示"命令，要删除形状提示，将其拖放到舞台之外即可。

（6）预览动画，正方形的三个角被平移到了五角形的其中三个角处。

4.3.2　案例分析

使用 Flash 软件，综合运用所训练过的绘图技能，绘制竹竿和竹叶，四组竹叶形状和颜色稍有变化，为制作动画做准备，综合运用所训练过的补间动画制作技能，设计并制作动画"竹林听风"，动画效果为竹林风，穿梭在阳光中；竹林风，回荡在空气中……，如图 4-3-8 所示。

图 4-3-8　竹林听风

在具体技术层面，本案例利用制作好的竹节、竹叶元件制作一根竹子随风而动的动画，然后分图层复制竹子动画，并修改各实例的大小和透明度，使竹林更具层次感和纵深感，最后巧妙利用盖黑手段覆盖住不需要的工作区中的内容，只保留舞台上的画面，以方便观看动画。

4.3.3　案例目标

（1）能够熟练创建和编辑补间动画。

（2）能够熟练创建和编辑形状补间动画。

（3）通过画面设计和动画制作，审美能力得到进一步提升，沟通能力、制定方案和解决问题的能力进一步加强。

4.3.4　制作过程

4.3.4.1　绘制竹子

（1）新建 Flash 文档，大小为 900 px × 600 px。

（2）图层 1 重命名为"背景"，按下快捷键【Ctrl+R】导入调整好的背景图片，并调整图片位置使之与舞台相匹配。

（3）按下快捷键【Ctrl+F8】新建图形元件，命名为"竹节"，综合运用各种绘图工具绘制一段竹节，填充渐变色，如图 4-3-9 所示。

（4）根据画面构图需要复制出几段竹节，并绘制几段静止的竹枝，注意竹节相邻处填充黑色线条营造立体效果，如图 4-3-10 所示。

图 4-3-9　绘制竹节

图 4-3-10　复制竹节

（5）按下快捷键【Ctrl+F8】新建图形元件，命名为"1 片叶子"，绘制竹叶轮廓，填充渐变色，如图 4-3-11 所示。

（6）按下快捷键【Ctrl+F8】新建图形元件，命名为"2 片叶子"，从库中拖动"1 片叶子"图形元件到舞台上，通过复制和变形布置两片叶子的位置和形状，如图 4-3-12 所示。

图 4-3-11 绘制竹叶

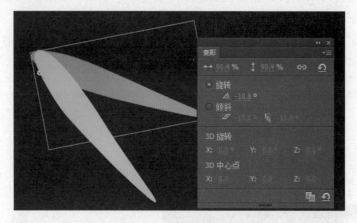

图 4-3-12 复制并旋转竹叶

（7）打开属性面板，设置"色彩效果"中的"高级"选项，使底层叶子颜色较深，如图 4-3-13 所示。

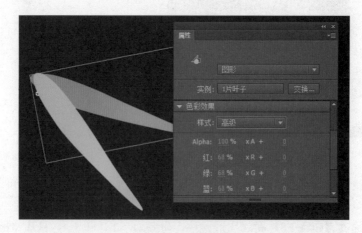

图 4-3-13 设置颜色

（8）按下快捷键【Ctrl+F8】新建图形元件，命名为"3 片叶子浅"，从库中拖动"1 片叶子"图形元件到舞台上，通过复制和变形布置三片叶子的大小、位置和形状，如图 4-3-14 ～图 4-3-16 所示。

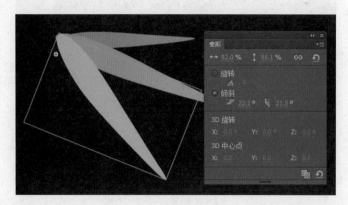

图 4-3-14　上层竹叶

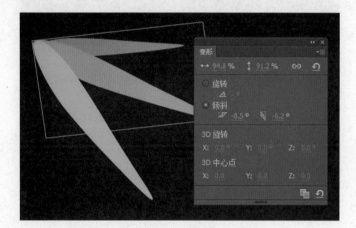

图 4-3-15　中层竹叶

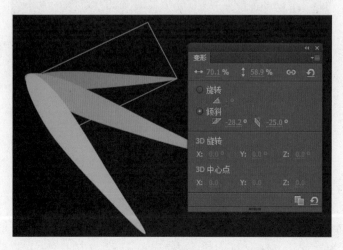

图 4-3-16　下层竹叶

（9）打开属性面板，分别设置"色彩效果"中的"高级"选项，使三片叶子颜色有深有浅，营造层次感，如图 4-3-17 ～图 4-3-19 所示。

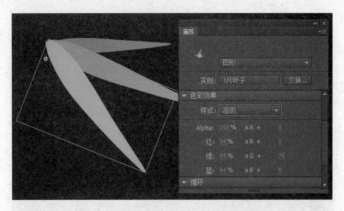

图 4-3-17　设置上层竹叶色调

图 4-3-18　设置中层竹叶色调

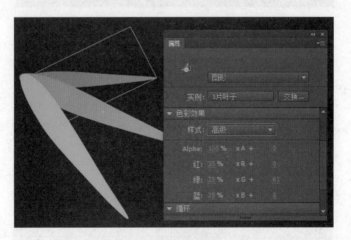

图 4-3-19　设置下层竹叶色调

（10）按下快捷键【Ctrl+F8】新建图形元件，命名为"3 片叶子深"，同理，通过变形和设置色调，制作三片叶子，总体色调较深，如图 4-3-20 所示。

图 4-3-20　制作三片较深竹叶

4.3.4.2　制作竹子动画

（1）按下快捷键【Ctrl+F8】新建影片剪辑元件，命名为"竹子动画"，图层 1 重命名为"竹节"，从库中拖动"竹节"图形元件到舞台上。

（2）新建图层命名为"竹枝"，绘制竹枝，按下快捷键【F8】将竹枝图形转换为元件，创建第 1 帧到第 20 帧、第 21 帧到第 40 帧的传统补间动画，制作竹枝随风摆动的效果，第 1 帧与第 40 帧画面相同，效果如图 4-3-21 所示，第 21 帧处通过变形面板将竹枝变形，效果如图 4-3-22 所示。

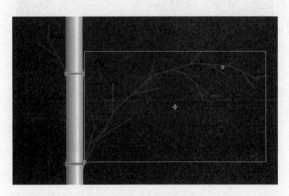

图 4-3-21　制作竹枝动画 1

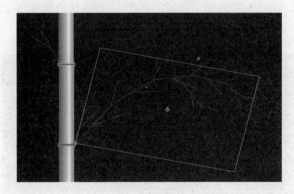

图 4-3-22　制作竹枝动画 2

（3）新建图层命名为"1 片叶子"，从库中拖动"1 片叶子"图形元件到舞台上，打开属性面板，设置"色彩效果"中的"高级"选项。

（4）创建第1帧到第20帧、第21帧到第40帧的传统补间动画，第1帧与第40帧画面相同，效果如图4-3-23所示。第21帧处通过变形面板变形竹叶，制作一片竹叶随风而动的动画，第21帧处通过变形面板将竹枝变形，效果如图4-3-24所示。竹叶动画也可以通过形状补间动画制作。

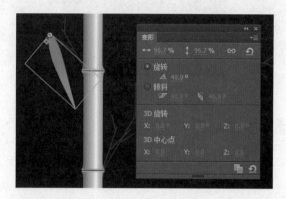

图 4-3-23　制作竹叶动画 1

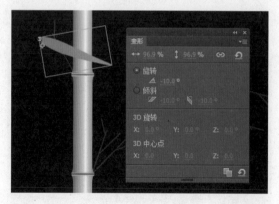

图 4-3-24　制作竹叶动画 2

（5）同理，分别制作两片叶子、三片叶子动画，为使动画更自然逼真，制作几组不同的动画效果，并分别设置变形和色彩效果，注意各组竹叶的运动方向和步调一致，第一个关键帧画面如图4-3-25所示，第二个关键帧画面如图4-3-26所示。

图 4-3-25　制作竹叶动画 3

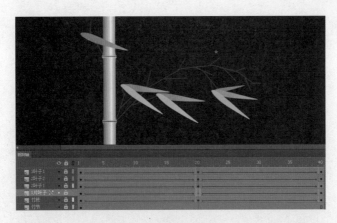

图 4-3-26 制作竹叶动画 4

（6）按下快捷键【Ctrl+Enter】预览动画效果并进行微调，时间轴设置如图 4-3-27 所示。

图 4-3-27 时间轴

（7）回到场景，新建图层命名为"竹子后"，从库中拖动"竹子动画"元件到舞台上，调整好大小和位置，分别设置 Alpha 值，降低透明度，使其作为处于后层的竹子，如图 4-3-28 所示。

图 4-3-28 后层竹子

（8）新建图层命名为"竹子中"，从库中拖动"竹子动画"元件到舞台上，调整好大小和位置，并适当调整 Alpha 值，使其作为处于中间层的竹子，如图 4-3-29 所示。

图 4-3-29　中间层竹子

（9）新建图层命名为"竹子前"，从库中拖动"竹子动画"元件到舞台上，调整好大小和位置，使其作为处于前层的竹子，如图 4-3-30 所示。

图 4-3-30　前层竹子

4.3.4.3　编辑和添加音乐

（1）按下快捷键【Ctrl+F8】新建影片剪辑元件，命名为"音乐"，导入已编辑好的《竹林风》歌曲片段，根据音乐时长设置足够的帧数，如图 4-3-31 所示。

图 4-3-31　音乐属性设置

（2）回到场景，新建图层命名为"音乐"，从库中拖动"音乐"元件到舞台上。

（3）新建图层命名为"盖黑"，使用放大镜将工作区尽可能地缩小，绘制黑色矩形。绘制完毕锁定并隐藏该图层。新建图层，绘制白色矩形使之与舞台大小完全相同，剪切白色矩形，解锁并显示"盖黑"图层，将白色矩形复制到该图层中，观察画面，白色矩形已与黑色矩形合为一体，删除白色矩形，使黑色矩形中间镂空，以显示舞台内容，如图 4-3-32 所示。

图 4-3-32　遮盖效果

（4）按下快捷键【Ctrl+Enter】预览动画效果。

4.3.5　能力拓展

形状补间很好地弥补了传统补间的不足，尤其是在复杂的形状改变动画中能够制作出非常精美的效果，在动画制作过程中，注意综合运用两种补间动画。

通过形状补间动画制作国画中卷轴的运动，以营造透视变形的效果，使动画更加逼真自然，如图 4-3-33 所示。

图 4-3-33　百年奥运

（1）新建 Flash 文档，修改场景大小为 800 px×600 px。

（2）按下快捷键【Ctrl+F8】创建影片剪辑元件，命名为"卷轴动画"，图层 1 重命名为"轴头"，使用矩形工具、椭圆工具等绘制卷轴头部，转换为图形元件，如图 4-3-34 所示。

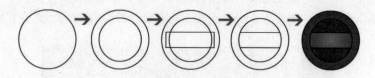

图 4-3-34　绘制卷轴头部

（3）新建图层命名为"轴身"，使用线条工具、椭圆工具等绘制卷轴轴身，填充渐变色，转换为图形元件，如图 4-3-35 所示。绘制完毕后将"轴身"图层移动到"轴头"上一层。

图 4-3-35　绘制卷轴轴身

（4）在"轴头"图层，创建第 1 帧到第 100 帧之间的传统补间动画，打开属性面板设置逆时针旋转 3 次，选中第 100 帧，将卷轴头水平向左移动一段距离，如图 4-3-36 所示。

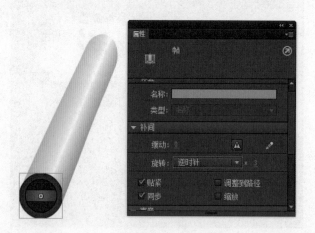

图 4-3-36　制作卷轴轴头动画

（5）在"轴身"图层的第 100 帧创建关键帧，将卷轴筒向左移动，与第 100 帧的卷轴头对齐，使用任意变形工具倾斜卷轴筒，修改完毕后创建第 1 帧到第 100 帧之间的形状补间动画，如图 4-3-37 所示。

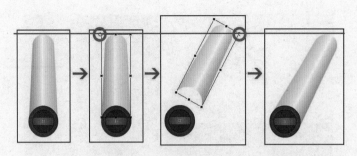

图 4-3-37　制作卷轴轴身动画

（6）新建图层，在第 100 帧处创建关键帧并输入停止动作，作用是动画运行到该处后停止，代码为 stop()。

（7）新建影片剪辑元件，命名为"卷轴画动画"，图层 1 重命名为"毛笔字"，按下快捷键【Ctrl+R】导入毛笔字素材，转换为元件。

（8）新建图层命名为"遮罩"，使用矩形工具绘制梯形遮罩，在第 100 帧创建关键帧，放大梯形，使之完全覆盖住毛笔字，创建第 1 帧到第 100 帧的形状补间动画，右击遮罩图层，在弹出的快捷菜单中选择"遮罩"命令，如图 4-3-38 和图 4-3-39 所示。

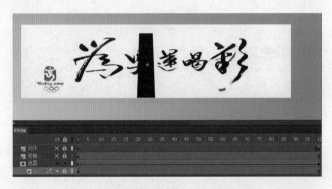

图 4-3-38　遮罩动画第一个关键帧设置

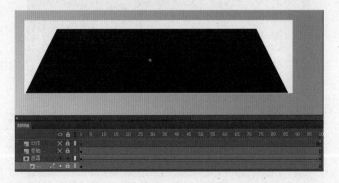

图 4-3-39　遮罩动画第二个关键帧设置

（9）新建图层命名为"卷轴动画"，从库中拖动"卷轴动画"元件到舞台上，置于毛笔字中间，调整好大小和位置，复制卷轴，将右边卷轴"垂直倾斜"角度设置为180°，调整好两个卷轴使之对齐，得到两个左右对称的卷轴，如图4-3-40所示。

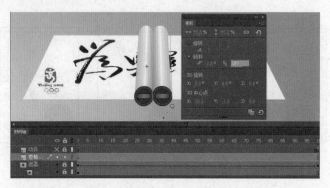

图 4-3-40　设置卷轴

（10）新建图层，在第100帧处创建关键帧并输入停止动作，作用是动画运行到该处后停止，代码为 stop()，如图4-3-41所示。

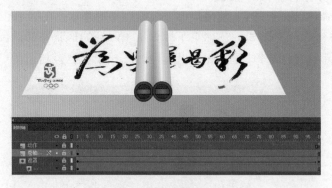

图 4-3-41　元件时间轴

（11）回到场景，图层1命名为"背景"，导入奥运场馆图片。新建图层命名为"动画"，将"卷轴画动画"元件拖动到舞台上，调整好大小和位置，并添加发光滤镜，如图4-3-42所示。

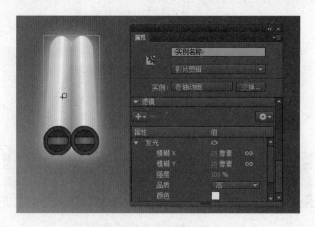

图 4-3-42　发光滤镜设置

思考与练习

一、选择题

1. 关于传统补间动画说法正确的是（　　　）。

    A. 传统补间是发生在不同元件的不同实例之间的

    B. 传统补间是发生在相同元件的不同实例之间的

    C. 传统补间是发生在打散后的相同元件的实例之间的

    D. 传统补间是发生在打散后的不同元件的实例之间的

2. Flash 有两种动画，即逐帧动画和补间动画。补间动画又分为（　　　）。

    A. 运动动画和引导动画

    B. 运动动画和形状动画

    C. 运动动画和遮罩动画

    D. 引导动画和形状动画

3. 要实现一个小球的自由落体动画，最少应该设计（　　　）个关键帧。

    A. 1　　　　　　　　B. 2　　　　　　　　C. 3　　　　　　　　D. 4

4. 关于小球落地弹起的动画，下列说法正确的是（　　　）。

    A. 小球是元件　　　　　　　　　　　　B. 是动作补间动画

    C. 要用引导线动画　　　　　　　　　　D. 至少需要 3 个关键帧

5. 关于为补间动画分布对象描述正确的是（　　　）。

    A. 用户可以快速将某一帧中的对象分布到各个独立的层中，从而为不同层中的对象
创建补间动画

    B. 每个选中的对象都将被分布到单独的新层中，没有选中的对象也分布到各个独立
的层中

    C. 没有选中的对象将被分布到单独的新层中，选中的对象则保持在原来位置

    D. 以上说法都错

6. 制作形状补间动画，使用形状提示能获得最佳变形效果，下列说法正确的是（　　　）。

    A. 在复杂的变形动画中，不用创建一些中间形状，而仅仅使用开始和结束两个形状

    B. 确保形状提示的逻辑性

    C. 如果将形状提示按逆时针方向从形状的右上角位置开始，则变形效果将会更好

    D. 以上说法都错

7. 在 Flash 中，要对字符设置形状补间，必须按快捷键（　　　）将字符打散。

    A.【Ctrl+J】　　　　B.【Ctrl+O】　　　　C.【Ctrl+B】　　　　D.【Ctrl+S】

8. 使用 Flash 制作补间动画的过程中，由软件自动生成的帧是（　　　）。

    A. 关键帧　　　　　　B. 空白帧　　　　　　C. 空白关键帧　　　　D. 过渡帧

9. Flash 中的形状补间动画和动作补间动画的区别是（　　　）。

    A. 两种动画很相似

    B. 在现实当中两种动画都不常用

    C. 形状补间动画比动作补间动画容易

　　D. 形状补间动画只能对打散的物体进行制作，动作补间动画能对元件的实例进行动画制作

10. 以下关于逐帧动画和补间动画的说法正确的是（　　　）。

　　A. 两种动画模式都必须记录完整的各帧信息

　　B. 前者必须记录各帧的完整记录，而后者不用

　　C. 前者不必记录各帧的完整记录，而后者必须记录完整的各帧记录

　　D. 以上说法均不对

二、填空题

1. 在 Flash 中，补间动画分为_____和_____两种。

2. 由 Flash 计算生成各关键帧之间的各个帧，使画面从一个关键帧过渡到另一个关键帧的动画称为_____。

3. 用 Flash 制作补间动画，开始画面和结束画面称为_____，中间自动生成的过渡衔接画面称为_____。

4. 在 Flash 中，创建关键帧的快捷键是_____，创建空白关键帧的快捷键是_____，创建普通帧的快捷键是_____。

5. 在图形元件属性面板的颜色下拉列表框中可以对图形元件的颜色进行设置，这里有 5 种选项，它们分别是"无"、_____、_____、_____和_____。

三、问答题

1. 什么是补间动画？

2. 简述动作补间动画和形状补间动画的区别。

第 5 章

公 益 广 告

Flash 公益广告目前是应用最多、最为优越、最为流行的网络广告形式。而且，很多电视公益广告也采用 Flash 进行设计制作，Flash 以独特的技术和特殊的艺术表现，给人们带来了特殊的视觉感受。本章通过三个案例，主要训练遮罩动画和引导层动画的制作能力，初步体会广告动画的创作过程与制作环节，主要知识技能点包括遮罩、遮罩动画、引导线、引导层动画、元件嵌套。

5.1　海阔天空

5.1.1　知技准备

5.1.1.1　基础知识

1．遮罩动画

遮罩类似 PS 中的蒙版，遮罩层中的对象决定其下一层即被遮罩层中的对象的显示区域。遮罩层中有对象的地方下一层的内容即显示，遮罩层中空白的地方下一层中的内容即隐藏。遮罩层中的内容可以是按钮、影片剪辑、图形、位图、文字等，但不能使用线条，在遮罩层和被遮罩层中均可设定补间或者逐帧动画。

2．Flash 二维动画的优化

Flash 二维动画常用于网络传播，如果动画文件较大，浏览者便会在不断等待中失去耐心，优化 Flash 二维动画可以使文件更小，播放更流畅，主要有以下几种方法：

（1）多使用元件：重复使用元件并不会使文件明显增大，因为动画文件只需储存一次数据。

（2）尽量使用补间动画，而少使用逐帧动画，关键帧使用得越多，文件就会越大。

（3）多用矢量图，少用位图。多用构图简单的矢量图，矢量图形越复杂，CPU 运算起来就越费力，尽量少使用过渡填充颜色。可使用菜单"修改"→"曲线"→"优化"命令，将矢量图中不必要的线条删除，从而减小文件体积。导入的位图文件尽可能小一点，并以 JPEG 方式压缩。

（4）音效文件最好以 MP3 方式压缩。限制字体和字体样式的数量，尽量不要将字体打散，字体打散后就变成图形，会使文件体积增大。

5.1.1.2 基本操作

1．创建遮罩动画

分别制作好遮罩层和被遮罩层，右击遮罩层，在弹出的快捷菜单中选择"遮罩"命令即可，遮罩形成后两个图层会自动被锁定，要成功制作遮罩动画，需要注意以下几点：

（1）遮罩需要两层实现，上层称为遮罩层，下层称为被遮罩层。

（2）遮罩结果显示的是两层叠加区域的被遮罩层内容。

（3）遮罩层中的图形对象在播放时是看不到的。

2．巧妙制作被遮罩层动画

在遮罩层和被遮罩层中均可制作动画，以制作七彩效果文字为例，制作被遮罩动画的基本思路如下：

（1）遮罩层输入白色文字，作为遮罩。

（2）被遮罩层绘制七彩矩形，作为被遮罩层。

（3）创建第 1 帧到第 30 帧的补间动画，第 1 帧七彩矩形底部与文字对齐，第 30 帧七彩矩形顶部与文字对齐，营造色彩流动的效果，如图 5-1-1 和图 5-1-2 所示。

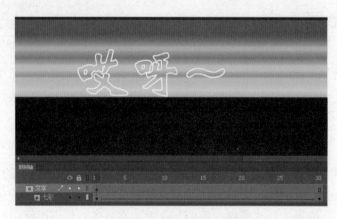

图 5-1-1 遮罩动画第 1 帧

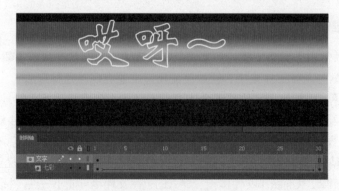

图 5-1-2 遮罩动画第 30 帧

（4）锁定遮罩层和被遮罩层，动画效果如图 5-1-3 所示。

图 5-1-3　遮罩动画效果

同理，可以制作横线运动的遮罩动画，如图 5-1-4 和图 5-1-5 所示。

图 5-1-4　遮罩动画第 1 帧

图 5-1-5　遮罩动画第 50 帧

5.1.2　案例分析

　　近年来，公益广告发展迅速，公益广告对社会的作用是巨大和长远的，它改变人们的道德观念、思想方法以及人生观、价值观，已经成为提升公民综合素质的一种有效载体。本案例即是通过制作"海阔天空"公益广告，倡导人们爱护自然环境，动画效果为蔚蓝的天空、波动的海水、自由翱翔的海鸥……警示人们：环境保护你我他，蓝天碧水伴大家，如图 5-1-6 所示。

图 5-1-6　海阔天空

在具体技术层面，本案例通过制作百叶窗图形遮罩，利用遮罩动画形成碧波荡漾的海水动画效果，利用逐帧动画技术制作海鸥飞翔的动画。

5.1.3　案例目标

（1）能够正确绘制遮罩。

（2）能够熟练完成遮罩动画制作。

（3）通过画面设计和动画制作，审美能力得到进一步提升，沟通能力、制定方案和解决问题的能力进一步加强。

5.1.4　制作过程

5.1.4.1　绘制大海背景

（1）新建 Flash 文档，大小为 900 px×645 px，背景为天蓝色。

（2）图层 1 重命名为"背景"，导入大海素材图片。

（3）新建图层命名为"海水"，将背景层的关键帧复制到该图层，按下快捷键【Ctrl+B】打散图片，使用选择工具、橡皮擦工具、魔棒工具等擦除海水以外的画面，仅保留海水部分，如图 5-1-7 所示。

图 5-1-7　使用 Flash 抠图

要制作海水，还可以打开 Photoshop 软件，抠出海水画面，删除背景层，另存为 PNG 格式的透明背景图片，然后导入 Flash 软件中，使用 Photoshop 软件抠图海水的边缘会更加精确和流畅，如图 5-1-8 和图 5-1-9 所示。

图 5-1-8　使用 Photoshop 抠图

图 5-1-9 导入素材

5.1.4.2 制作大海动画

（1）将"海水"图层中的图片向右移动 10 px，使之与底图的海水部分有一定错位。

（2）新建图层命名为"遮罩层"，绘制百叶窗，方法是先绘制一个矩形，然后复制，再粘贴到原位置，向右移动 5 px，反复操作，使之覆盖海水并比海水画面的宽度长一点，如图 5-1-10 所示。

图 5-1-10 绘制遮罩

（3）在"背景"和"海水"图层，在第 100 帧处创建普通帧，以延长画面停留时间。

（4）在遮罩图层，创建第 1 帧到第 100 帧之间的传统补间动画，选中第 100 帧，将百叶窗移动至右边，注意百叶窗始终完全覆盖海水，如图 5-1-11 所示。

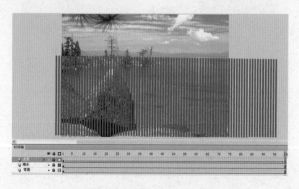

图 5-1-11 遮罩动画

（5）右击"遮罩"图层，在弹出的快捷菜单中选择"遮罩层"命令，预览动画效果，并进行微调，如图 5-1-12 所示。

图 5-1-12　制作遮罩动画

5.1.4.3　绘制海鸥并制作动画

（1）创建新影片剪辑元件，命名为"海鸥逐帧 1"，制作海鸥飞翔逐帧动画，第 1 帧到第 7 帧关键画面如图 5-1-13 ～图 5-1-19 所示。第 8 帧到第 14 帧关键画面与第 1 帧到第 7 帧相同，第 20 帧关键画面与第 1 帧相同。

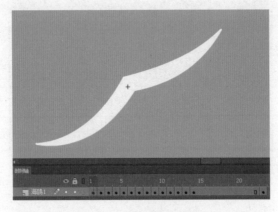

图 5-1-13　海鸥动画第 1 帧

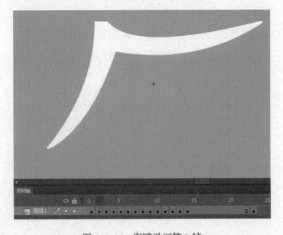

图 5-1-14　海鸥动画第 2 帧

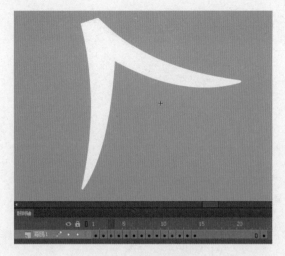

图 5-1-15 海鸥动画第 3 帧

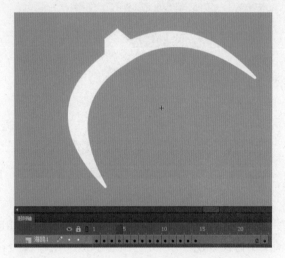

图 5-1-16 海鸥动画第 4 帧

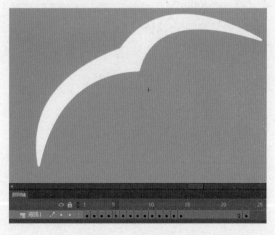

图 5-1-17 海鸥动画第 5 帧

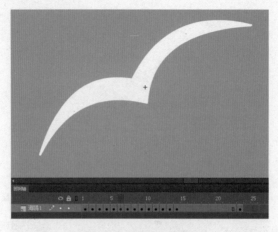

图 5-1-18　海鸥动画第 6 帧

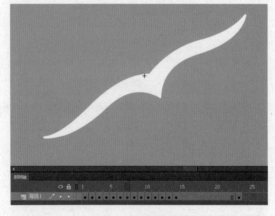

图 5-1-19　海鸥动画第 7 帧

（2）创建新影片剪辑元件，命名为"海鸥逐帧 2"，制作海鸥飞翔逐帧动画，第 1 帧、第 2 帧、第 16 帧到第 20 帧关键画面如图 5-1-20 ～图 5-1-26 所示。第 21 帧到第 25 帧关键画面与第 16 帧到第 20 帧相同。

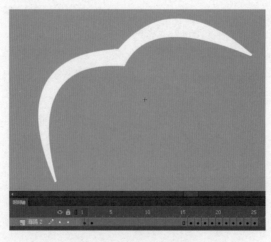

图 5-1-20　海鸥动画第 1 帧

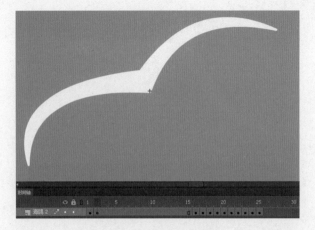

图 5-1-21　海鸥动画第 2 帧

图 5-1-22　海鸥动画第 16 帧

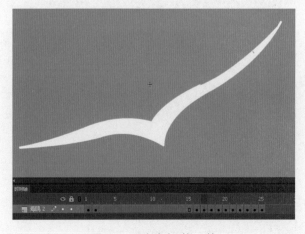

图 5-1-23　海鸥动画第 17 帧

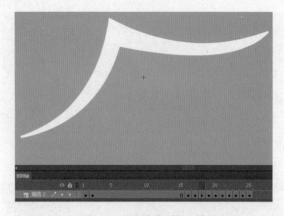

图 5-1-24　海鸥动画第 18 帧

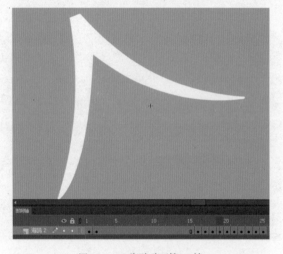

图 5-1-25　海鸥动画第 19 帧

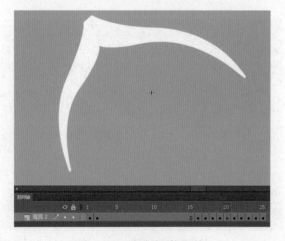

图 5-1-26　海鸥动画第 20 帧

（3）返回场景，新建图层，分别将两只海鸥飞翔的动画元件拖动到舞台上，调整好大小和位置，如图 5-1-27 所示。为了营造更生动的动画效果，可以利用海鸥飞翔的逐帧动画元件，制作引导层动画。

图 5-1-27　时间轴设置

（4）新建影片剪辑元件，命名为"海鸥鸣叫"，导入音乐。回到场景，新建图层，将"海鸥鸣叫"元件拖动到舞台上。

（5）新建图层，输入公益广告语。

同理，可以制作瀑布飞溅的效果，如图 5-1-28 ～图 5-1-31 所示。

图 5-1-28　瀑布遮罩动画 1

图 5-1-29　瀑布遮罩动画 2

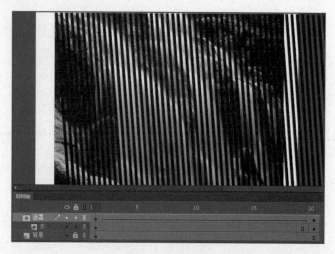

图 5-1-30　瀑布遮罩动画 3

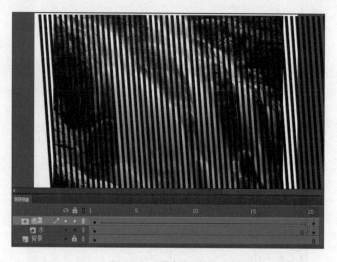

图 5-1-31　瀑布遮罩动画 4

5.1.5　能力拓展

使用补间动画制作探照灯动画，动画效果为夜幕中，灯光一圈一圈划过，人类的探照灯在虎视眈眈地搜寻野生动物……

（1）新建 Flash 文档，大小为 800 px × 600 px，将背景颜色修改为黑色。

（2）创建新图形元件命名为"豹"，导入素材图片。

（3）回到场景，图层 1 重命名为"图片暗"，从库中拖动"豹"元件到舞台上，打开属性面板，将 Alpha 值修改为 30%，使其作为半透明底图，如图 5-1-32 所示。

（4）新建图层命名为"图片亮"，从库中拖动"豹"元件到舞台上，使其与"图片暗"完全对齐。

（5）创建新图形元件命名为"遮罩"，绘制白色灯光形状的遮罩，如图 5-1-33 所示。

（6）回到场景，新建图层命名为"遮罩"，从库中拖动"遮罩"元件到舞台上，调整好大小，使用任意变形工具将元件注册点调整到最左端，如图 5-1-34 所示。

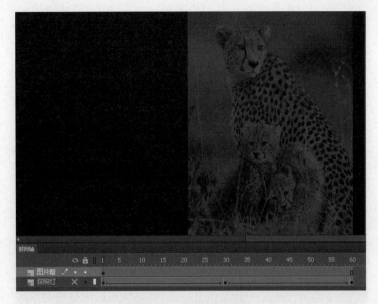

图 5-1-32　制作半透明底图

图 5-1-33　绘制遮罩

图 5-1-34　修改遮罩注册点

（7）右击"遮罩"图层，以弹出的快捷菜单中选择"遮罩层"命令，则"图片亮"图层自动变为被遮罩层，在"遮罩"图层第 1 帧到第 30 帧创建传统补间动画，分别选中第 1 帧和第 30帧，旋转遮罩图形，画面效果如图 5-1-35 和图 5-1-36 所示。

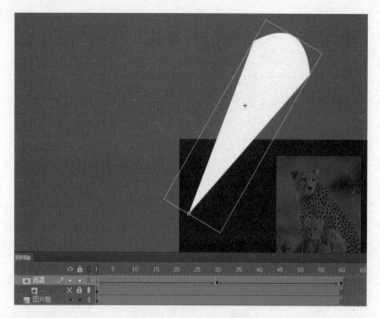

图 5-1-35 第 1 帧画面效果

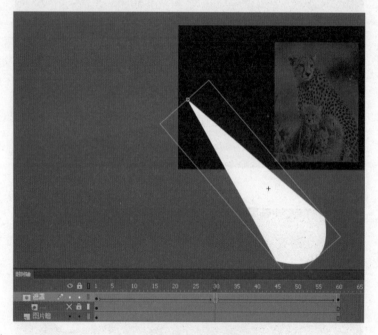

图 5-1-36 第 30 帧画面效果

（8）复制第 1 帧到第 60 帧，完成一个运动的循环。

（9）新建图层命名为"探照灯"，绘制探照灯。同理创建补间动画，旋转探照灯使之与遮罩图形步调一致，以营造遮罩层中的光是从探照灯中发出来的效果，画面效果如图 5-1-37 和图 5-1-38 所示。

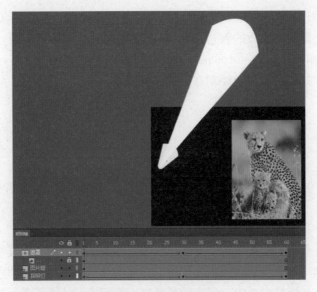

图 5-1-37 第 1 帧画面效果

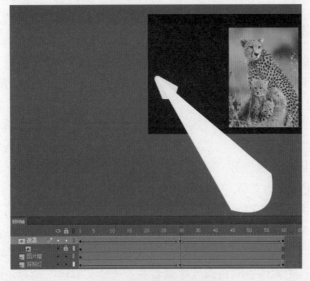

图 5-1-38 第 30 帧画面效果

5.2 蔚蓝星球

5.2.1 知技准备

5.2.1.1 基础知识

1. 场景

场景一词为影视制作中的术语，将主要对象没有改变的一段动画制作成一个场景，模块化组织和设计动画，便于分工协作和修改，尤其是较为复杂的动画一般要采取分场景制作的方法。在 Flash 中，场景就是动画播放的舞台，Flash 允许建立一个或多个场景，以此来扩充更多的舞台范围。如果动画时间很长，时间轴不够长，可以新建一个场景，还可以在场景里设置按钮跳转到其他场景，这样会大大方便动画的制作和修改。

2．场景操作

要打开场景面板，可选择"窗口"→"其他面板"→"场景"命令，或者直接使用快捷键【Shift+F2】。

（1）新建场景：在场景面板中，单击加号按钮，即可添加新的场景，或者使用"插入"→"场景"命令。

（2）删除场景：在场景面板中，单击垃圾桶按钮，即可删除场景。

（3）复制场景：在新建场景按钮的前面，单击直接复制按钮，可以复制场景。

（4）调整场景顺序：在场景面板中，使用鼠标拖动任何一个场景，即可改变其顺序。

（5）切换场景：在场景面板中，双击场景名称，即切换到该场景进行操作。

5.2.1.2 基本操作

1．使用和管理库

库用来存储创建的元件和导入的文件，如位图、矢量图等，通过菜单"窗口"→"库"命令可以打开库，快捷键【Ctrl+L】，库面板中有一个列表，在工作时可以查看和组织这些元素。当选择库面板中的项目时，库面板的顶部会出现该项目的缩略图预览，如果选定项目是动画或者声音文件，则可以使用库预览窗口或控制器中的"播放"按钮预览该项目。

1）使用库项目

将项目从库面板拖动到舞台上，该项目就会添加到当前层的当前帧上。

2）将库项目应用到其他文档

在一个文档的库面板里选择一个元件，右击选择"复制"命令，再到另一个文档的库面板里右击选择"粘贴"命令，这时后一文档即会显示复制得到的新项目。

3）编辑库项目

在库面板里选择一个元件，双击该元件或者右击选择"编辑"命令，即进入该元件的编辑层级，可以对这个元件进行编辑修改。

4）重命名库项目

在库面板里选择一个元件，双击项目名称，输入新名称即可重命名该项目。

5）删除库项目

在库面板里选择一个元件，然后单击库面板底部的垃圾桶图标即可删除该项目，从库中删除某项时，也会从文档中删除该项的所有实例或匹配项。

6）创建文件夹

当库中的项目比较多时，可以分门别类地创建文件夹以便管理，方法是单击库面板下方的"新建文件夹"按钮。要将某个项目置于文件夹中，拖动项目到相应文件夹即可。

7）修改项目属性

选中某个元件，右击该元件，在弹出的快捷菜单中选择"属性"命令，即打开该项目的"属性"对话框，可以根据需要修改属性。

8）元件的"直接复制"

当某个元件需要做部分修改，同时又要保留原来状态时，可以使用元件的直接复制命令，在库面板中右击元件，在弹出的快捷菜单中选择"直接复制"命令，输入新元件名称，即可得到一个一模一样的新元件。

9）打开外部库

如果需要打开另外一个 Flash 文件库，可以选择菜单"文件"→"导入"→"打开外部库"命令，在弹出的对话框中选择要打开的文件。选定的文件库会在当前文档中打开，同时库面板顶部会显示该文件的名称，要在当前文档中使用选定的外部文件的库元素，可以将元素直接拖动到当前文档的舞台上。

10）批量删除无用元件

随着动画制作过程的进展，库中的项目将变得越来越杂乱，一些元件没用上，却占用了宝贵的源文件空间，从库右上角的下拉菜单中选择"选择未用项目"命令，Flash 会把这些未用的元件全部选中，再选择菜单中的"删除"命令或者直接单击删除按钮，则可以将它们删除。

删除未使用元件的操作需要重复几次，因为有的元件内还包含大量其他"子元件"，第一次显示的往往是"母元件"，"母元件"删除后，其他"子元件"才会暴露出来。清除后库面板会变得条理清晰，同时也会大大地减小源文件大小。

2．导入文件

1）导入到库

选择菜单"文件"→"导入"→"导入到库"命令，弹出"导入"对话框，选择要导入的素材，单击"打开"按钮即将该文件导入库中，使用时可以将该文件拖动到舞台上。

2）导入到舞台

选中需要导入文件的某个帧，选择菜单"文件"→"导入"→"导入到舞台"命令，或者使用快捷键【Ctrl+R】，弹出"导入"对话框，选择要导入的素材，单击"打开"按钮即将该文件导入舞台中，同时在库中也会显示该项目。

3．Flash 声音的高级设置

在 Flash 软件中导入声音后，打开声音的属性面板，如图 5-2-1 所示。"同步"下拉列表框中各个项目的含义如下：

（1）事件：声音的信息完全下载后才会开始播放，这种播放类型对于体积大的声音文件来说非常不利，因为在下载的过程中往往会造成停格的现象，所以在选用"事件"这一类型时，尽可能使用较短的声音文件。另外，当帧长度跟声音长度不同时，会有某一方先播放完，而另一方还在播放的现象。

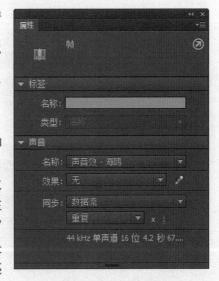

图 5-2-1　声音的属性面板

（2）开始：将声音同步类型设置为"开始"与设置为"事件"的效果几乎是一样的，但是，"开始"类型并不需要帧数的支持，即使把一整首歌放到一帧时也可以全部播放。

（3）停止：终止声音播放，强行停止声音的播放。

（4）数据流：将音频平均分配在所需要的帧中，也就是说，它占据了多少帧，就播放多少帧。另外，它采用一边下载一边播放的方式，即使下载少量的信息也立即播放，因而不太会发生停格的现象，音频与动画帧播放完全同步，帧结束，音乐结束，通常比较长的背景音乐会使用此类型。其缺点是有时会用跳帧来保持同步。

双击图库中声音符号的小喇叭图标即弹出"声音属性"对话框，这里列出最终作品发布时音乐的设置，如图 5-2-2 所示。

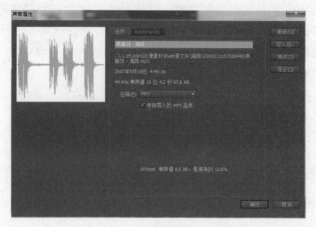

图 5-2-2 "声音属性"对话框

在默认情况下，同一首歌用 WAV 和 MP3 两种不同的格式输出，它们的文件大小会相差很多而音质基本无变化。在制作过程中，为了程序响应速度和测试更快捷，最好使用 MP3 格式，而在最后发布作品时，只要把音乐换为 WAV 格式，就可以保证最后输出的文件不会过大。

Flash 软件中主要有 ADPCM、MP3、Raw 三种压缩方式，对于比较长的音频 MP3 压缩格式是比较理想的，可以在作品先期测试时使用低音质版本，而在作品最终发布时使用高音质版本，如图 5-2-3 所示。

图 5-2-3 压缩方式

5.2.2　案例分析

　　人类对地球的毁坏日益严重，地球不只属于人类，而人类属于地球，地球很大很大，但并非拥有用不完的水，砍不完的森林，我们的家园已经满目疮痍，本案例通过安静唯美的画面，唤醒人们对地球的美好回忆，动画效果为蔚蓝色的星球，静静地旋转……宁静无声的画面警醒、警示人们：保护地球，就是保护人类自己，如图 5-2-4 所示。

图 5-2-4　你好地球

　　在具体技术层面，本案例制作地图移动的元件，通过修改元件颜色，营造地图前面和背面的效果，使动画具有纵深感和层次感，通过圆的遮罩使地图动画显示为圆轮廓，并与顶层绘制的地球相对应。

5.2.3　案例目标

　　（1）能够熟练完成遮罩动画制作。

　　（2）初步体会广告动画的创作过程与制作环节。

　　（3）通过画面设计和动画制作，审美能力得到进一步提升，沟通能力、制定方案和解决问题的能力进一步加强。

5.2.4　制作过程

5.2.4.1　绘制地球

　　（1）新建 Flash 文档，大小为 800 px×600 px，背景颜色为深蓝色。

　　（2）新建图形元件命名为"地图"，导入地图素材图片，此时素材图片带有白底，如图 5-2-5 所示。

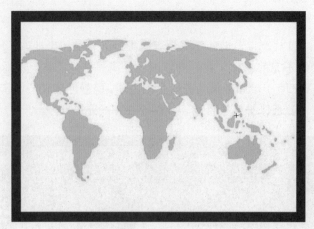

图 5-2-5　导入素材图片

（3）选中图片，按下快捷键【Ctrl+B】将图片打散，综合使用魔棒工具、套索工具选择白色区域，按下【Delete】键将白色区域删除，此时去掉素材图片的白底，露出深蓝色舞台背景，如图 5-2-6 所示。

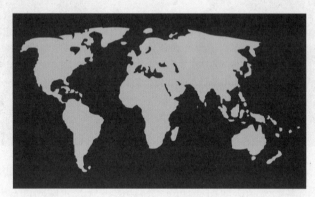

图 5-2-6　去除背景

（4）复制地图，如图 5-2-7 所示。

图 5-2-7　复制地图

（5）新建图形元件命名为"地球"，使用椭圆工具画一个圆，如图 5-2-8 所示。

（6）选中圆，打开颜色面板，将笔触颜色更改为无色，将颜料桶类型更改为"径向渐变"，设置无色到深蓝色的渐变，并使用渐变变形工具进行调整，如图 5-2-9 所示。

图 5-2-8　绘制圆

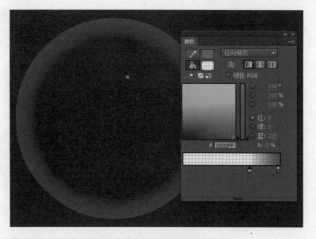

图 5-2-9　设置渐变色

5.2.4.2　制作地球旋转动画

（1）回到场景，图层 1 重命名为"蓝色球"，拖动地球元件到舞台上，在第 100 帧处创建普通帧，以延长画面停留时间。

（2）新建图层命名为"遮罩圆"，绘制一个圆，其大小比"地球"实例稍小，对齐位置使二者成为同心圆，在第 100 帧处创建普通帧，以延长画面停留时间，如图 5-2-10 所示。

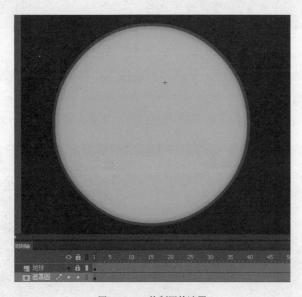

图 5-2-10　绘制圆的遮罩

（3）隐藏"遮罩圆"图层，新建图层命名为"蓝地球"，将其拖动到"遮罩圆"图层下方，从库中拖动"地图"元件到舞台上，使用任意变形工具调整大小，并移动至合适位置，如图 5-2-11 所示。

（4）在"蓝地球"图层，创建第 1 帧到第 100 帧的传统补间动画，使蓝色地图在第 100 帧处移动至地球右侧，完成从左到右的动画，如图 5-2-12 所示。

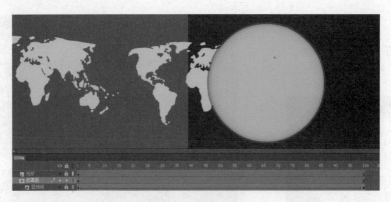

图 5-2-11　蓝色地图

图 5-2-12　创建"蓝地球"补间动画

（5）新建图层命名为"白地球"，复制"蓝地球"实例，打开属性面板，在"色彩效果"下修改"色调"为白色。

（6）同理，制作"白地球"从右到左的动画，使之与蓝色地图相对运动，如图 5-2-13 所示。

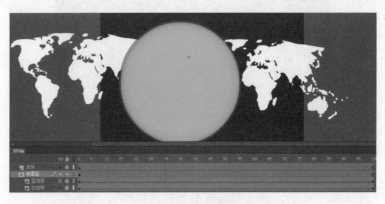

图 5-2-13　创建"白地球"补间动画

（7）右击"遮罩圆"图层，在弹出的快捷菜单中选择"遮罩层"命令，此时，蓝色地图成为被遮罩层，将"白地球"图层向上拖动，当图层相邻处出现一条粗黑线时松开鼠标，使之也成为遮罩圆的被遮罩对象，此时蓝色地图和白色地图均只显示遮罩圆的部分，如图 5-2-14 所示。

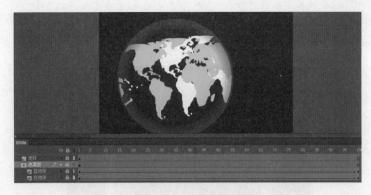

图 5-2-14　创建遮罩动画

同理，可以制作其他形式的地球旋转动画，还可以增加星空等其他补间动画，如图 5-2-15 所示。

图 5-2-15　旋转地球动画

5.2.5　能力拓展

通过遮罩动画，可以制作出很多优美的动画效果。动画效果为卷轴缓缓打开，一幅美轮美奂的国图慢慢展开，象征着中华国粹的博大精深。

（1）新建 Flash 文档，大小为 500 px × 700 px，将背景颜色修改为蓝色。

（2）创建新图形元件命名为"卷轴"，绘制卷轴，或者下载位图图片，处理成背景透明图像导入舞台中，如图 5-2-16 所示。

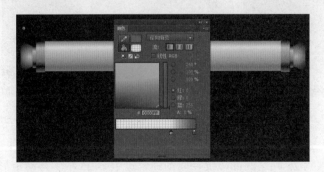

图 5-2-16　绘制卷轴

（3）创建新图形元件命名为"画"，图层 1 重命名为"画布"，绘制矩形画布，调整好大小和位置，图层 2 重命名为"画"，导入素材图片，调整好大小和位置，如图 5-2-17 所示。

图 5-2-17　制作"画"图形元件

（4）回到场景，图层 1 重命名为"画"，从库中拖动"画"元件到舞台上，调整好大小和位置。新建图层重命名为"上轴"，从库中拖动"卷轴"元件到舞台上，调整好大小和位置。新建图层重命名为"下轴"，复制"卷轴"元件，调整好大小和位置，如图 5-2-18 所示。

图 5-2-18　调整"卷轴"和"画"的大小和位置

（5）在"画"的上一层新建图层命名为"遮罩"，绘制矩形并转换为元件，如图 5-2-19 所示。

（6）创建第 1 帧到 25 帧之间的传统补间动画，选中第 25 帧，移动矩形元件，使其完全覆盖住国画，如图 5-2-20 所示。

图 5-2-19　绘制矩形遮罩

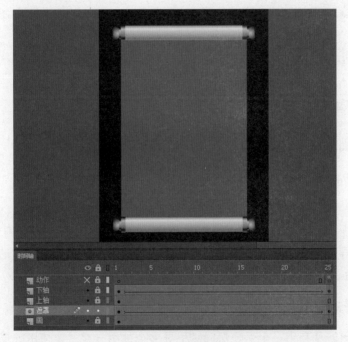

图 5-2-20　制作遮罩动画

（7）右击"遮罩"图层，在弹出的快捷菜单中选择"遮罩层"命令，预览动画，效果为国画缓缓打开。

（8）在"下轴"图层创建第 1 帧到第 25 帧之间的补间动画，选中第 25 帧，将卷轴垂直拖动到国画的下方。

（9）新建图层命名为"动作"，在第 25 帧创建关键帧，右击该帧，在弹出的快捷菜单中选择"动作"命令，输入停止脚本 stop()，时间轴如图 5-2-21 所示。

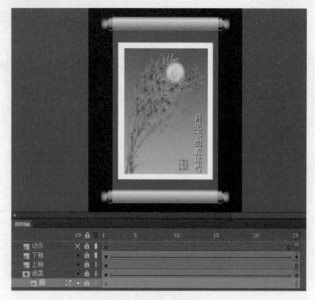

图 5-2-21　时间轴

（10）预览动画，微调遮罩关键帧位置或者卷轴位置，使卷轴与国画运动步调一致。

5.3　折纸之恋

5.3.1　知技准备

5.3.1.1　基础知识

1．引导层动画

Flash 提供了一种简便的方法来实现对象沿着复杂路径移动的效果，这就是引导层动画，引导层动画又称轨迹动画，可以实现树叶飘落、小鸟飞翔、星体运动、激光写字等效果的制作。引导层动画由引导层和被引导层组成，引导层用来放置对象运动路径，运动路径即引导线在最终动画生成时不可见，被引导层用来放置运动对象。

2．多层引导动画

多层引导动画就是利用一个引导层同时引导多个被引导层。要使引导层能够引导多个图层，可以将图层拖动到引导层下方，或通过更改图层属性的方法添加需要被引导的图层。

3．绘制引导线的技巧

绘制引导线有以下技巧：

（1）引导线不能是封闭曲线，必须要有起点和终点。

（2）起点和终点之间的线条必须是连续的，不能间断。

（3）引导线转折处不宜过急过多，否则运动对象有可能无法准确判断运动路径而使引导动画失败，平滑圆润的线段有利于引导动画成功制作。

（4）引导线允许重叠，如螺旋状引导线，但在重叠处的线段必须保持圆润，让 Flash 能辨认线段的走向，否则会使引导失败。

5.3.1.2　基本操作

1．创建引导层动画

创建引导层动画主要有以下几种方法：

（1）在时间轴面板单击"添加引导层"按钮，在当前图层上增加一个运动引导层，则当前图层变成被引导层。

（2）右击图层名，在弹出的快捷菜单中选择"添加引导层"命令，即在当前图层上增加一个引导层。

（3）选择某个图层，选择"插入"→"时间轴"级联菜单下的"引导层"命令，即在当前图层上增加一个运动引导层。

（4）可以将普通层转换为引导层，方法是右击选择"引导层"命令，拖动它下面的普通层到引导层下方。

2．使对象沿路径运动

要使元件能够沿着路径运动，在动画开始和结束的关键帧上，元件的注册点必须对准线段开始和结束的端点，否则无法引导，可以使用任意变形工具手动调整元件的注册点。

3．解除引导

要解除引导，可以把被引导层拖离"引导层"，或在图层区的引导层上右击，在弹出的快捷菜单中选择"属性"命令，在对话框中选择"一般"单选按钮作为图层类型，如图 5-3-1 所示。

图 5-3-1　解除引导

4．让元件注册点自动吸附到路径上

在做引导路径动画时，在被引导层图层中制作动画后选择任意一帧，打开属性面板，选择"贴紧"复选框，可以使"对象附着于引导线"的操作更容易成功，如图 5-3-2 所示。

图 5-3-2　"贴紧"复选框

5．使对象自动随着路径的转折而调整自身方向

通过属性面板的"调整到路径"复选框，可以实现运动对象自动随着路径的转折而调整自身方向。

6．制作圆周运动

要想让对象做圆周运动，可以在"引导层"画个圆，再用橡皮擦去一小段，使圆形线段出现两个端点，再把对象的起始、终点分别对准两个端点即可。

5.3.2　案例分析

引导层动画是在制作 Flash 二维动画时经常应用的一种方式，使用引导层可以使指定的元件沿引导层中的路径运动。本案例即是通过绘制纸飞机，运用引导层动画技巧实现纸飞机飞行的动画，制作动画效果为乡野小村上空，一只纸飞机轻轻划过，纸飞机的爱情，你还记得么？案例效果如图 5-3-3 所示。

图 5-3-3　折纸之恋

5.3.3　案例目标

（1）掌握路径绘制要求和技巧，能够熟练绘制路径。

（2）能够熟练创建引导层动画。

（3）能够熟练创建多个引导层动画。

（4）通过画面设计和动画制作，审美能力得到进一步提升，沟通能力、制定方案和解决问题的能力进一步加强。

5.3.4　制作过程

5.3.4.1　制作背景

（1）根据动画设计思想，制作素材图片。

（2）新建 Flash 文档，大小为 500 px × 550 px，背景颜色设置为黑色。

（3）图层 1 重命名为"背景"，按下快捷键【Ctrl+R】弹出"导入"对话框，选择村落背景图片，调整位置使之完全覆盖舞台，如图 5-3-4 所示。

5.3.4.2　绘制纸飞机并制作动画

（1）按下快捷键【Ctrl+F8】建立新元件，命名为"纸飞机"，使用线条工具绘制纸飞机，如图 5-3-5 所示。

图 5-3-4　导入背景图片

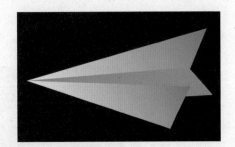

图 5-3-5　绘制纸飞机

（2）回到场景，新建图层命名为"飞机"，拖动"纸飞机"元件到舞台中。

（3）右击"飞机"图层，在弹出的快捷菜单中选择"添加传统运动引导层"命令，在引导层中，使用线条工具为纸飞机绘制运动路径，如图 5-3-6 所示。

图 5-3-6　绘制路径

（4）在"飞机"图层，创建第 1 帧到第 20 帧的传统补间动画，设置第 1 帧飞机的位置在路径右端，第 20 帧飞机的位置在路径左侧，注意飞机元件的注册点要吸附在路径上，打开属性面板，选择"调整到路径"复选框，同时调整第 1 帧和第 20 帧飞机的头部方向，使头部朝向路径。预览动画，飞机沿着路径飞行，并根据路径形状自动转向，如图 5-3-7 所示。

图 5-3-7　制作纸飞机动画

（5）新建图层命名为"小女孩"，绘制小女孩图形，按下快捷键【F8】转换为图形元件，命名为"小女孩"，制作小女孩走路的补间动画，如图 5-3-8 ～图 5-3-12 所示。

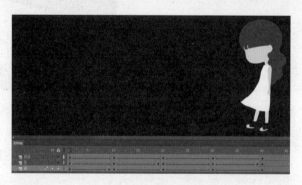

图 5-3-8　小女孩动画第 1 帧

图 5-3-9　小女孩动画第 10 帧

图 5-3-10　小女孩动画第 20 帧

图 5-3-11　小女孩动画第 30 帧

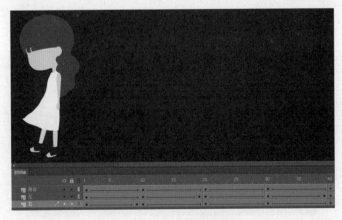

图 5-3-12　小女孩动画第 40 帧

（6）为纸飞机添加第二个引导动画。新建图层命名为"飞机"，拖动"纸飞机"元件到舞台上，为飞机添加引导层，在引导层中绘制路径，如图 5-3-13 所示。

（7）新建图层命名为"问号"，分别在第 40 帧、第 45 帧、第 50 帧创建关键帧，制作三个问号依次出现的逐帧动画，如图 5-3-14 所示。

图 5-3-13　制作纸飞机动画

图 5-3-14　制作逐动帧画

（8）新建图层命名为"文字"，输入文字"纸飞机的爱情，你还记得么？"效果如图 5-3-15 所示。

图 5-3-15　输入文字效果

5.3.4.3　制作文字动画

（1）新建图层命名为"怎能"，在第 70 帧和第 80 帧创建关键帧，制作文字逐帧动画。新建图层命名为"不记得"，创建第 90 ～ 110 帧的传统补间动画，使文字淡出，如图 5-3-16 所示。

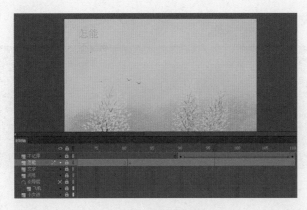

图 5-3-16　制作文字动画

（2）新建图层命名为"飞机"，为飞机添加引导层，同理制作飞机沿引导层路径飞行的动画，如图 5-3-17 所示。

图 5-3-17　制作纸飞机动画

（3）新建图层命名为"飞机飞"，输入文字"飞机飞，飞到你所在的地方"，创建第 110 帧到第 130 传统补间动画，使文字淡出。

（4）同理，新建图层命名为"你在哪"，输入文字"你在哪？让飞机都感到迷茫"，创建第 130 帧到第 150 传统补间动画，使文字淡出。

（5）依次制作其他文字动画，如图 5-3-18 所示。

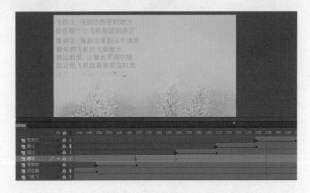

图 5-3-18　制作文字动画

（6）预览动画并进行微调，时间轴如图 5-3-19 所示。

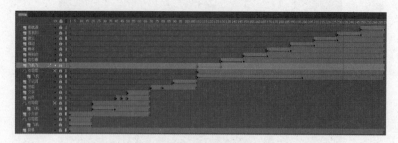

图 5-3-19　时间轴设置

5.3.5　能力拓展

典型案例一：早起的小虫

通过引导层动画的"调整到路径"设置，可以制作对象随路径自动调整方向的动画。该案例动画效果：春天来了，小虫早起在做运动，如图 5-3-20 所示。

图 5-3-20　早起的小虫

（1）新建 Flash 文档，大小为 550 px × 400 px，导入背景素材图片，使之完全覆盖舞台，第 50 帧按下快捷键【F5】创建普通帧以延长画面停留时间，锁定图层，如图 5-3-21 所示。

图 5-3-21　导入背景

（2）创建新图形元件命名为"小虫"，综合使用各种绘图工具和色彩工具绘制小虫，如图 5-3-22 所示。

（3）新建图层命名为"小虫"，从库中拖动"小虫"元件到舞台上，创建第 1 帧到第 50 帧的传统补间动画，如图 5-3-23 所示。

图 5-3-22　绘制瓢虫　　　　　　　　　　　图 5-3-23　制作小虫动画

（4）在"小虫"图层上右击，在弹出的快捷菜单中选择"添加传统运动引导层"命令，如图 5-3-24 所示。

图 5-3-24　添加引导层

（5）使用线条工具，沿树叶轮廓绘制小虫的运动路径，注意路径绘制要符合引导层动画的要求，如图 5-3-25 所示。

图 5-3-25 绘制路径

（6）选择第 50 帧，移动小虫到运动路径的结尾，注意观察小虫元件的注册点必须吸附到路径上，如图 5-3-26 所示。

图 5-3-26 调整小虫动画

（7）预览动画，小虫的头部始终一个朝向，没有随路径的转折而调头，动画看起来很生硬，如图 5-3-27 所示。

（8）打开属性面板，选择"调整到路径"复选框，同时调整第 1 帧和第 50 帧小虫的头部方向，使头部朝向路径。

（9）预览动画，效果如图 5-3-28 所示。

图 5-3-27 调整前小虫动画效果

图 5-3-28 调整后小虫动画效果

典型案例二：写大字

动画效果：一支铅笔，一笔一画写大字，如图 5-3-29 所示。

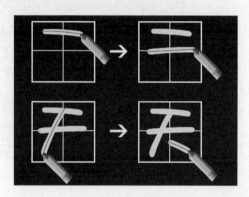

图 5-3-29 写大字动画效果

（1）新建 Flash 文档，大小为 600 px × 400 px。

（2）图层 1 重命名为"字"，制作文字"天"的逐帧动画，如图 5-3-30 所示。

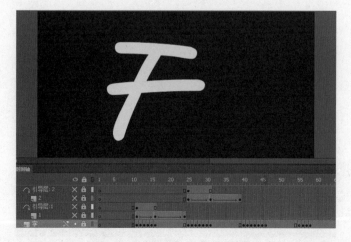

图 5-3-30 制作文字"天"的逐帧动画

（3）创建图形元件命名为"铅笔"，绘制铅笔，如图 5-3-31 所示。

（4）返回场景，新建图层命名为"1"，在第 11 帧创建关键帧，从库中拖动铅笔元件到舞台上。

（5）右击"1"图层添加引导层，从第 11 帧开始，沿文字的第一个笔画绘制路径，如图 5-3-32 所示。

图 5-3-31　绘制铅笔

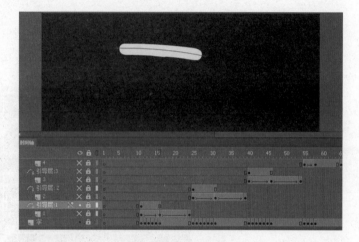

图 5-3-32　绘制路径

（6）回到"1"图层，创建第 11 帧到第 16 帧之间的传统补间动画，在属性面板中选择"调整到路径"复选框，取消选择"贴紧"复选框，作用是不强制铅笔元件的注册点在路径上。第 11 帧处调整铅笔笔尖位置在路径顶端附近，如图 5-3-33 所示。同理设置第 16 帧，调整铅笔笔尖位置在路径末端附近，如图 5-3-34 所示。

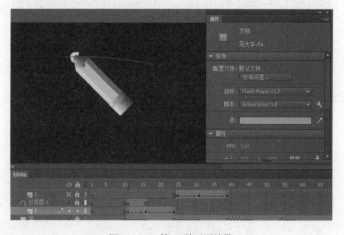

图 5-3-33　第 11 帧画面效果

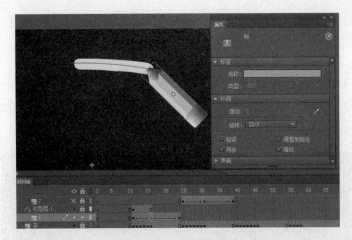

图 5-3-34　第 16 帧画面效果

（7）同理，制作剩余文字的笔画，分别创建引导层，引导线分别是文字的笔画。在每一个笔画结束时，创建补间动画使铅笔移动到下一笔画的开始处，如图 5-3-35 所示。

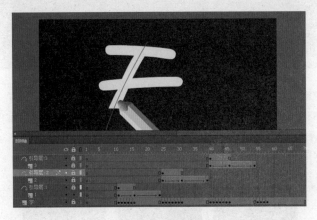

图 5-3-35　时间轴

典型案例三：雪落无声

动画效果：深冬的季节，静静的夜晚，雪花缓缓飘落……如图 5-3-36 所示。

图 5-3-36　雪落无声

（1）新建 Flash 文档，大小为 800 px×600 px，按下快捷键【Ctrl+J】打开属性面板，修改场景背景为黑色。

（2）创建图形元件命名为"雪花"，绘制雪花。

（3）创建影片剪辑元件命名为"雪花1"，从库中拖动"雪花"图形元件到舞台上，添加引导层，在引导层中绘制一根细小的引导线，在"图层1"创建第1帧到第60帧的补间动画，使雪花沿着引导线的顶端运动到底端，如图5-3-37所示。

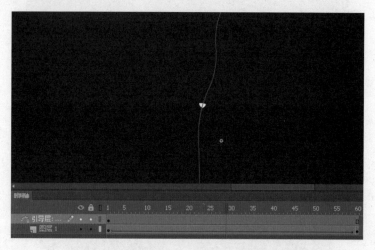

图5-3-37 雪花动画1

（4）在库中，右击"雪花1"选择"直接复制"命令，将复制的新元件命名为"雪花2"，修改路径，制作第二种运动状态的雪花。同理，再通过直接复制，命名为"雪花3"，修改路径，制作第三种运动状态的雪花，如图5-3-38所示。

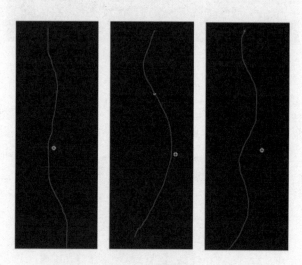

图5-3-38 雪花动画2

（5）回到场景，图层1重命名为"背景"，导入雪景图片，调整好大小和位置。

（6）新建图层，从库中拖动三个下雪元件到舞台中，错落排放，如图5-3-39所示。

图 5-3-39　元件布置

（7）新建图层，在第 10 帧创建关键帧，从库中拖动三个下雪元件到场景中，错落排放。再次新建图层，在第 20 帧创建关键帧，从库中拖动三个下雪元件到场景中，错落排放，并在该帧输入停止动作 stop()，如图 5-3-40 所示。

图 5-3-40　时间轴

思考与练习

一、选择题

1. 遮罩的制作必须要用两层才能完成，下面描述正确的是（　　　）。

　　A. 上面的层称为遮罩层，下面的层称为被遮罩层

B. 上面的层称为被遮罩层，下面的层称为遮罩层

C. 上下层都为遮罩层

D. 以上答案都不对

2. 作带有颜色或透明度变化的遮罩动画应该（　　　）。

A. 改变被遮罩的层上对象的颜色或 Alpha 值

B. 再制作一个和遮罩层大小、位置、运动方式一样的层、在其上进行颜色或 Alpha 值变化

C. 直接改变遮罩颜色或 Alpha 值

D. 以上答案都不对

3. 下列对创建遮罩层的说法错误的是（　　　）。

A. 将现有的图层直接拖到遮罩层下面

B. 在遮罩层下面的任何地方创建一个新图层

C. 选择"修改"→"时间轴"→"图层属性"命令，然后在"图层属性"对话框中设置"被遮罩"

D. 一个遮罩可以引导多个图层

4. 在 Flash 中，"遮罩"可以有选择地显示部分区域。具体地说，它是（　　　）。

A. 反遮罩，只有被遮罩的位置才能显示

B. 正遮罩，没有被遮罩的位置才能显示

C. 自由遮罩，可以由用户进行设定正遮罩或反遮罩

5. 在使用蒙版时，可以用来遮盖的对象是（　　　）。

A. 填充的形状   B. 文本对象

C. 图形元件   D. 影片剪辑的实例

6. 当 Flash 导出较短小的事件声音时，最适合的压缩选项是（　　　）。

A. ADPCM 压缩选项   B. MP3 压缩选项

C. Speech 压缩选项   D. Raw 压缩选项

7. 在 MP3 压缩对话框中的音质选项中，如果要将电影发布到 Web 站点上，则应选择（　　　）。

A. 中   B. 最佳

C. 快速   D. 以上选项都可以

8. 在制作 MTV 时，最好将音乐文件加入（　　　）中。

A. 图形元件   B. 影片剪辑元件

C. 按钮元件   D. 时间轴

9. 按照动画制作方法和生成原理，Flash 二维动画主要分为（　　　）。

A. 动作补间动画和形状补间动画   B. 逐帧动画和补间动画

C. 引导层动画和遮罩层动画   D. 可见层动画和不可见层动画

10. 在 Flash 中，要对字符设置形状补间，必须按快捷键（　　　）将字符打散。

A.【Ctrl+J】   B.【Ctrl+O】   C.【Ctrl+B】   D.【Ctrl+S】

11. 在制作动画的过程中，按下快捷键【Ctrl+B】的作用是（　　　）。

A. 图像分离   B. 图像转换为元件

C. 普通帧转换为关键帧　　　　　　　　　　D. 以上都不是

12. 在制作动画的过程中，按下快捷键【F8】可以将（　　）

    A. 图像分离（打散）　　　　　　　　　　　B. 图像转换为元件

    C. 普通帧转换为关键帧　　　　　　　　　　D. 以上都不是

13. 下列对将舞台上的整个动画移动到其他位置的操作说法错误的是（　　　）。

    A. 首先取消要移动图层的锁定同时把不需要移动的图层锁定

    B. 在移动整个动画到其他位置时，不需要单击时间轴上的编辑多个帧按钮

    C. 在移动整个动画到其他位置时，需要使绘图纸标记覆盖所有帧

    D. 在移动整个动画到其他位置时，对不需要移动的层可以隐藏

14. 下列说法正确的是（　　　）。

    A. 在制作动画时，背景层将位于时间轴的最底层

    B. 在制作动画时，背景层将位于时间轴的最高层

    C. 在制作动画时，背景层将位于时间轴的中间层

    D. 在制作动画时，背景层可以位于任何层

15. 使五角星图形沿着蓝色曲线运动，蓝色曲线应设置在（　　　）。

    A. 遮罩层　　　　　　B. 普通层　　　　　　C. 路径层　　　　　　D. 引导层

16. 在对象沿着引导线移动时，必须（　　　）。

    A. 中心点与引导线的两端点对齐重合　　　B. 贴在引导线上

    C. 关闭引导层的显示　　　　　　　　　　　D. 执行添加引导线命令

17. 下列关于引导层说法正确的是（　　　）。

    A. 为了在绘画时帮助对齐对象，可以创建引导层

    B. 可以将其他层上的对象与在引导层上创建的对象对齐

    C. 引导层不出现在发布的 SWF 文件中

    D. 引导层是用图层名称左侧的辅助线图标表示的

18. Flash 动漫短片在 Internet 上广为流传是因为采用了（　　　）技术。

    A. 矢量图和流式播放　　　　　　　　　　　B. 音乐、动画、声效、交互

    C. 多图层混合　　　　　　　　　　　　　　D. 多任务

19. 在 Flash 二维动画中，对于帧率的描述正确的是（　　　）。

    A. 每小时显示的帧数　　　　　　　　　　　B. 每分钟显示的帧数

    C. 每秒显示的帧数　　　　　　　　　　　　D. 以上都不是

20. Flash 影片帧频率最大可以设置为（　　　）。

    A. 99 fps　　　　　　B. 100 fps　　　　　　C. 120 fps　　　　　　D. 150 fps

21. 对于在网络上播放的动画，最合适的帧频率是（　　　）。

    A. 24 fps　　　　　　B. 12 fps　　　　　　　C. 25 fps　　　　　　D. 16 fps

22. 下列关于工作区、舞台的说法不正确的是（　　　）。

    A. 舞台是编辑动画的地方

    B. 影片生成发布后，观众看到的内容只局限于舞台上的内容

    C. 工作区和舞台上内容，影片发布后均可见

    D. 工作区是指舞台周围的区域

23. 关于帧命令的快捷键有（　　　）。
    A.【F5】添加帧　　　　　　　　　　　　B.【F6】转换关键帧
    C.【Shift+F6】清除关键帧　　　　　　　D.【F7】转换为空白关键帧

24. 在 Flash 动画制作中，Flash 二维动画的基本构成单元是（　　　）。
    A. 帧　　　　　　　　B. 库　　　　　　　　C. 层　　　　　　　　D. 元件

25. 将舞台中的元件调整为红色，那么库中的元件会出现的情况是（　　　）。
    A. 元件变为红色或蓝色　　　　　　　　　B. 元件不变色
    C. 元件被打破，分成一组组单独的对象　　D. 元件消失

26. 关于设置元件种类的描述正确的是（　　　）。
    A. 在"新建元件"对话框中提前设置元件的种类
    B. 在"库"中选择元件，执行"属性"命令来更改元件的种类
    C. 在"转换为元件"对话框中更改元件种类
    D. 以上说法均正确

27. 以下关于使用元件的优点的叙述正确的是（　　　）。
    A. 使用元件可以使发布文件的大小显著地缩减
    B. 使用元件可以使电影的播放更加流畅
    C. 使用元件可以使电影的编辑更加简单化
    D. 以上均正确

28. 可以用来创建独立于时间轴播放的动画片段的元件类型是（　　　）。
    A. 图形元件　　　　　B. 字体元件　　　　　C. 影片剪辑　　　　　D. 按钮元件

29. 关于 Flash 动画的特点，以下说法正确的是（　　　）。
    A. Flash 二维动画受网络资源的制约比较大，利用 Flash 制作的动画是矢量的
    B. Flash 二维动画已经没有崭新的视觉效果，比不上传统的动画轻便与灵巧
    C. 具有文件大、传输速度慢、播放采用流式技术的特点，
    D. 鲜明、有趣的动画效果更能吸引观众的视线

二、问答题

1. 什么是遮罩动画？
2. 简述创建和删除遮罩层的方法。
3. Flash 二维动画剧本有哪几种形式？
4. 简述 Flash 二维动画的优化方法。
5. 简述创建、删除引导层的方法。
6. 如何将运动对象精确地定位到路径上？
7. 在 Flash 中，如何把一个 Flash 二维动画输出为 GIF 格式的文件？

第 6 章

交 互 动 画

Flash 不仅可以直接制作动画，也可以通过编程来制作动画，并且脚本功能强大，能够用于互动性、娱乐性、实用性开发。交互动画使观众能够参与和控制动画。本章通过两个案例，训练使用行为和动作制作交互动画的能力，初步体会编程的神奇功用，主要知识技能点包括交互、按钮、行为、动作。

6.1 换发型

6.1.1 知技准备

6.1.1.1 基础知识

1. 交互动画

交互动画是指在动画作品播放时支持事件响应和交互功能的一种动画，也就是说，动画播放时可以接受某种控制，这种控制可以是动画播放者的某种操作，也可以是在动画制作时预先准备的操作，这种交互性提供了观众参与和控制动画播放内容的手段，使观众由被动接受变为主动选择。

Flash 使用 ActionScript 给动画添加交互性。在简单动画中，Flash 按顺序播放动画中的场景和帧，而在交互动画中，用户可以使用键盘或鼠标与动画交互。例如：可以单击动画中的按钮，然后跳转到动画的不同部分继续播放；可以移动动画中的对象；可以在表单中输入信息等。使用 ActionScript 可以控制 Flash 二维动画中的对象、创建导航元素和交互元素、扩展 Flash 创作交互动画和网络应用的能力。

2. 动作

Flash 的动作脚本（ActionScript，简称 AS）代码控制是 Flash 实现交互性的重要组成部分，目前使用的版本是 AS 3.0，是一种完全的面向对象的编程语言，功能强大，类库丰富，语法类似 JavaScript，多用于互动性、娱乐性、实用性开发，网页制作和 RIA 应用程序开发。

3. 认识动作面板

在 Flash 中，动作脚本的编写都是在"动作"面板的编辑环境中进行的，按下快捷键【F9】可以调出"动作"面板，如图 6-1-1 所示，面板的编辑环境由左右两部分组成，左侧部分又分为上下两个窗口。

图 6-1-1 "动作"面板界面

左侧的上方是一个"动作"工具箱，单击前面的图标展开每一个条目，可以显示对应条目下的动作脚本语句元素，双击选中的语句即可将其添加到编辑窗口。

左侧的下方是一个"脚本"导航器，里面列出了 Flash 文件中具有关联动作脚本的帧位置和对象，单击脚本导航器中的某一项目，与该项目相关联的脚本则会出现在"脚本"编辑窗口中，并且场景上的播放头也将移到时间轴的对应位置上，双击脚本导航器中的某一项，则该脚本会被固定。

右侧部分是"脚本"编辑窗口，这是添加代码的区域，可以直接在"脚本"编辑窗口中编辑动作、输入动作参数或删除动作，也可以双击"动作"工具箱中的某一项或"脚本"编辑窗口上方的"添加脚本"工具，向"脚本"窗口添加动作。

在"脚本"编辑窗口的上面，有一排工具图标，用于编辑脚本，在使用"动作"面板时，可以随时单击"脚本"编辑窗口左侧的箭头按钮，以隐藏或展开左边的窗口。将左侧的窗口隐藏可以使"动作"面板更加简洁，方便脚本的编辑，如图 6-1-2 所示。

图 6-1-2 隐藏左侧列表窗口

4. 按钮元件的概念

按钮元件实际上是一个只有四帧的影片剪辑，但它的时间轴不能播放，只是根据鼠标指针的动作做出简单的响应，并跳转到相应的帧。通过给舞台上的按钮实例添加动作语句可以实现 Flash 影片强大的交互性。

按钮元件可以重复使用，并且当需要对重复使用的元素进行修改时，只需编辑元件，而不必对所有该元件的实例一一进行修改，Flash 会根据修改的内容对所有该元件的实例进行更新。

按钮元件中可以嵌套图形元件或者影片剪辑元件，但是不能够嵌套另外一个按钮元件。

6.1.1.2　基本操作

1．按钮的操作

1）创建按钮元件

选择菜单命令或者使用快捷键【Ctrl+F8】，弹出"新建元件"对话框，输入名称，选择类型为"按钮"，单击"确定"按钮即可创建一个按钮元件，也可以选中某个图形转换为按钮元件。

2）编辑按钮元件

双击按钮元件即进入该元件的编辑层级，在按钮元件编辑区的时间轴上，按钮元件只有四个关键帧，但是可以创建多个图层。

"弹起"即按钮的初始状态；"指针经过"表示鼠标指针经过按钮时的状态；"按下"表示按下按钮时所显示的状态；"点击"即区域标示，鼠标指针只有在这一区域内活动，按钮才能有相应的反应。

2．按钮的属性设置

在按钮的属性面板中，位置和大小通过输入数值调整按钮元件的位置坐标和大小。色彩效果能够整体调整按钮元件某个实例的色彩效果，调整方法同图形元件。

按钮的显示属性包括以下几种选项：

1）可见选项

与 Flash 本身的 visible 属性可以配合使用，在属性面板取消选择"可见"复选框时，在播放时看不到此按钮，但可以在代码中设置其 visible=true 来显示按钮。

2）混合选项

与 Photoshop 中的图形混合功能相似，可以有很多效果，根据背景图层或下一图层的内容不同而呈现不同的效果，在按钮元件中一般使用不多。

3）呈现

主要用来优化显示效果，使用位图或位图缓存可以改进呈现性能，运行时位图缓存允许指定某个按钮元件在运行时缓存为位图，从而优化回放性能，一般情况下可不进行设置。

3．制作多彩按钮效果

按钮元件虽然只有四个关键帧，但是按钮元件中可以新建图层，关键帧中可以放置元件，元件中又可以嵌套元件，由此可以制作出绚丽多彩的按钮效果。很多韩国网站中的按钮大都是使用 Flash 制作的，以"我的相册"按钮为例，当鼠标指针移动到按钮上时，文字变黄色，同时白色蝴蝶飞出，周围闪烁小星星，按钮元件关键帧设置如下：

（1）"弹起"关键帧：放置白色文字。

（2）"指针经过"关键帧：放置黄色文字。

（3）"按下"关键帧：放置白色文字。

（4）"点击"关键帧：放置矩形，大小以能够覆盖文字为准。

在按钮元件中新建图层命名为"动画"，"弹起""按下""点击"关键帧处均为空白关键帧，"指针经过"关键帧处放置影片剪辑元件，元件内容为蝴蝶和星星动画，为了实现蝴蝶不断扇动翅膀、星星层出不穷的效果，将蝴蝶动画和星星动画分别制作成元件。

4．制作透明按钮

当一个动画需要很多按钮时，可以制作一个透明按钮反复使用，透明按钮可以随意修改大小，覆盖在任何位置，方便且实用，具体制作方法参见第 6.1.4 节的拓展训练。

5．巧用帧标签制作跳转效果

要使用按钮制作跳转效果，设置动作脚本时需要指定按钮触发时动画跳转到的哪一帧，当该帧的位置移动时，指定的帧的数值随即发生变化，此时，可以为帧命名即设置帧标签，通过指定跳转的帧的标签，在修改动画时就可以忽略该帧的位置。

6.1.2　案例分析

在交互动画中，动画播放时可以接受某种控制，观看者不再是被动地观看动画，而是能够参与其中主动选择，如使用鼠标或键盘对动画的播放进行控制。本案例即运用了交互动画原理制作换发型小游戏，动画效果为每次点击魔法棒，都会换一次发型，如图 6-1-3 所示。

图 6-1-3　换发型

在具体技术层面，本案例使用同一人物不同发型的图片，利用图像处理软件去掉背景，制作成背景透明的素材图片，制作魔法棒按钮元件，当鼠标移到按钮上时出现发光效果，通过为按钮添加动作脚本，完成换装游戏。

6.1.3　案例目标

（1）能够运用图像处理软件去掉图片背景，制作背景透明的素材图片。

（2）能够正确设置按钮元件四个关键帧，完成交互动画制作。

（3）初步理解和体会动作的使用。

（4）通过画面设计和动画制作，审美能力得到进一步提升，沟通能力、制定方案和解决问题的能力进一步加强。

6.1.4 制作过程

6.1.4.1 下载和处理素材

（1）下载魔法棒图片，同样去掉背景，保存成背景透明的 PNG 格式文件，命名为"魔法棒 1"，如图 6-1-4 所示。

（2）利用画笔工具、图层样式等为魔法棒添加发光效果，保存成背景透明的 PNG 格式文件，命名为"魔法棒 2"，如图 6-1-5 所示。

图 6-1-4 制作魔法棒 1

图 6-1-5 制作魔法棒 2

6.1.4.2 制作按钮交互

（1）新建 Flash 文档，图层 1 重命名为"背景"，导入背景图片。

（2）新建图层，导入制作好的"发型素材 .psd"图像文件，如图 6-1-6 所示。

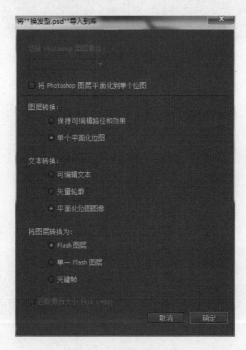

图 6-1-6 导入 PSD 图片

（3）Flash 会自动将 PSD 文件中每个图层中的图像分别分配到一个图层上，时间轴如图 6-1-7 所示。

图 6-1-7　时间轴分层图像

（4）删除原 PSD 图像文件中白色背景所在的"背景"图层，图层 1 重命名为"脸"。

（5）图层 2 重命名为"发型"，将图层 3 和图层 4 中的图像，分别复制到"发型"图层中的第 2 帧和第 3 帧，如图 6-1-8 所示。

图 6-1-8　"发型"图层

（6）新建图层命名为"标题"，输入标题文字"换发型"。

（7）新建图层命名为"按钮"，导入制作好的"魔法棒 1"图片，调整好大小和位置，将魔法棒转换为元件，名称为"按钮"，类型为"按钮"。双击魔法棒进入该按钮元件的编辑层级，如图 6-1-9 所示。

图 6-1-9　按钮元件第 1 帧

（8）在"指针经过"下方创建空白关键帧，导入制作好的"魔法棒 2"图片，使用信息面板调整两个魔法棒的大小和位置，使二者完全重合，如图 6-1-10 所示。

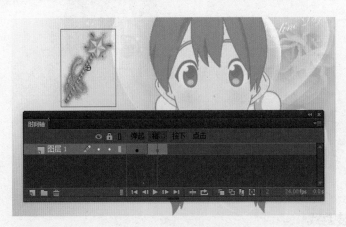

图 6-1-10　按钮元件第 2 帧

（9）复制"弹起"帧粘贴到"按下"帧。

（10）复制"弹起"帧粘贴到"点击"帧，同时在"点击"帧中绘制矩形使之完全覆盖魔法棒，如图 6-1-11 所示。

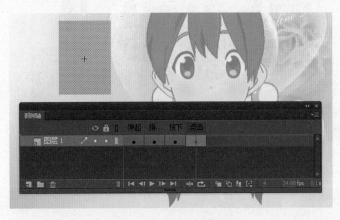

图 6-1-11　按钮元件第 4 帧

（11）回到主场景，在"按钮"图层第 1 帧上右击，在弹出的快捷菜单中选择"动作"命令，输入动作，使每次单击魔法棒按钮时即跳转到下一帧播放，动作脚本如下：

```
stop();
btn.addEventListener(MouseEvent.CLICK,btHd);
function btHd(e:MouseEvent){
this.nextFrame();
}
```

（12）新建图层命名为"按钮提示文字"，输入提示性文字"请点击魔法棒"。

（13）发布动画观察效果。时间轴安排如图 6-1-12 所示。

图 6-1-12　时间轴

6.1.4.3　换装游戏

换装游戏的制作方式与换发型游戏类似，所需素材的下载与处理步骤如下：

（1）从网上下载素材图片，如图 6-1-13 所示。

图 6-1-13　素材图片

（2）打开 Photoshop 软件，将图片背景去掉，如图 6-1-14 所示。

图 6-1-14　去背景效果

（3）裁剪图片使四张图片宽高一致。

（4）分别将四张图片保存成背景透明的 PNG 格式文件，分别命名为"换装 1""换装 2""换装 3""换装 4"。

6.1.5　能力拓展

采用同样的思路，可以制作各种移花接木的交互动画效果。

（1）新建 Flash 文档。

（2）导入背景图片，导入木桶图片，排列好位置，如图 6-1-15 所示。

图 6-1-15　背景和木桶

（3）新建图层，导入处理好的、背景透明的花朵图片，调整大小和位置，如图 6-1-16 所示。

图 6-1-16　第 1 朵花

（4）新建空白关键帧，导入处理好的第 2 张背景透明的花朵图片，调整大小和位置，如图 6-1-17 所示。

图 6-1-17　第 2 朵花

　　（5）新建空白关键帧，导入处理好的第 3 张背景透明的花朵图片，调整大小和位置，如图 6-1-18 所示。

图 6-1-18　第 3 朵花

　　（6）新建图层，将按钮元件置于舞台上，并添加动作，如图 6-1-19 所示。

图 6-1-19　按钮及动作

6.2 全屏播放

6.2.1 知技准备

6.2.1.1 基础知识

1．ActionScript 3.0 基本语法

ActionScript 3.0（简称 AS 3.0）基本语法构成包括标识符、关键字、数据类型、运算符和分隔符，它们互相配合，共同完成 AS 3.0 语言的语意表达。

1）标识符

简单地说，每定义一个变量，这个变量就称为标识符。在 AS 3.0 中，不能使用关键字和保留字作为标识符，包括变量名、类名、方法名等。

2）关键字

在 AS 3.0 中，保留字包括"关键字"，不能在代码中将他们用作标识符。

3）数据类型

数据是程序的必要组成部分，也是程序处理的对象。数据类型描述一个数据片段，以及对其执行的各种操作。数据存储在变量中，在创建变量、对象实例和函数定义时，通过使用数据类型指定要使用的数据的类型。数据类型是对程序所处理的数据的抽象。在 AS 3.0 中包含两种数据类型：基元数据类型（Primitivedatatype）和复杂数据类型（Complexdatatype）。

4）常量和变量

在 AS 3.0 中使用常量、变量和其他的编程开发语言一样，没什么太大的区别，作用点都是相同的。简单理解就是常量就是值不会改变的量，变量则相反。AS 3.0 中常量可以分为两种：顶级常量和用户自定义常量。所谓顶级常量就是语言库内部所提供的常量，主要包括：

· Infinity：表示正无穷大；

· –Infinity：表示负无穷大；

· NaN：表示非数字的值；

· Undefined：一个适用于尚未初始化的无类型变量或未初始化的动态对象属性的特殊值。

用户自定义的常量，通常使用关键字 const 来定义。不管是在什么编程语言中，变量是用得最多的，在 AS 3.0 中也同样如此，变量定义格式为"var 变量名:数据类型"或"var 变量名：数据类型 = 初始值"。

2．动画制作过程中需要注意的问题

1）场景处理

场景可以将影片分成一个个独立的影片片断，在正规动漫作品的制作中合理安排好场景同样至关重要，要将内容不相关的片断可分成不同的场景，这样使得影片结构更清晰。当然，场景也不是越多越好。

一般可以遵循以下原则：根据内容块来区分，如片头、片体和片尾等；根据情节发生地点来区分，如剧情环境分别是室内、剧场和郊外等；根据情节的变化来区分，如表现两人分别

经历相遇、相知的过程等。同样，每个场景都应当有一个能理解的名字，一般可以根据片断的主要内容命名，如"场景1开篇""场景2屋内对话""场景3堆雪人"等。

2）图层安排

对于一个相对比较复杂的作品来讲，可能需要相当多的图层，如果不对图层进行合理安排，那么整个影片的结构将会难以管理和修改。Flash本身提供了强大的图层管理功能，只要运用得当，整个图层和时间轴结构将比较有条理。

一般可以遵循以下规律：为每个图层文件夹和图层取一个有意义的名字；按照结构对图层进行分类，将相关图层放入图层文件夹；图层使用应该保证结构简单和清晰，不要把不同内容轻易放置在同一图层。

3）合理使用和管理库

在制作过程中为了让动画元素最大限度地重复利用，应该尽量把动画元素制作成元件。一个作品中可能会出现非常多的元件，包括三种基本形式的元件，还有位图、声音、视频以及字体等，同样需要合理安排才不至于乱成一团，同场景和图层类似，同样应该为每个元件取一个好理解的名字。除了命名以外，还需要对图库进行分类管理，就是通过在库面板中建立文件夹来完成。

一般可以遵循以下原则：根据场景进行分类，也就是将属于不同场景的元件分别放入不同的文件夹；根据元件类型进行分类；根据相关性进行分类，由于元件的多层嵌套问题经常出现，也就是说一个复杂的对象由多个元件构成，这样就可以将构成这个对象的所有元件放入一个文件夹。

4）命名问题

如果能一开始就养成良好习惯，那么在大型的、正规的制作与开发中就会节省很多时间和精力。从前面的讲述中，可以明了场景、图层和元件的命名要求。这是令许多初学者乃至已经很有设计经验的人员都忽视的问题，例如经常看到"123""aa""bb"的命名，如果作品比较小还好，如果作品比较大或者需要多人合作，那么谁又能理解"aa""bb"是什么意思呢？

一般可以遵循以下原则：起一个有意义的名字是最基本要求，也就是名副其实，通过名字就能大概知道内容，如一个用于片头播放影片的按钮元件，可以命名为"开始按钮""b_start""anniu"等；命名规律一致性就是在作品中给对象的命名要遵循同样的规律，如有人会在同一个作品中把一个开始按钮命名为"kaishianniu"，而有人则命名为"开始按钮"；尽量使用英文命名，其次可以采用拼音，然后再考虑使用全中文命名；在名字前加上表示被命名对象类型的英文字母，如加上前缀"s"；前缀和内容单词间使用下画线（"_"）连接，如表示室内剧情的场景按照命名规则就可以是"s_room"。

6.2.1.2　基本操作

1．信息面板

使用信息面板可以更精确地设置对象大小和定位对象，选择菜单"窗口"→"信息"命令或者按下快捷键【Ctrl+I】，即可打开信息面板，如图6-2-1所示。

图 6-2-1 信息面板

1）设置对象大小

选中对象，在信息面板中可以查看该对象的宽度和高度，可以直接输入数值重定义对象大小。

2）设置对象位置

选中对象，在信息面板中可以查看该对象的 X 和 Y 坐标值，默认为对象的左上角顶点坐标，可以直接输入数值重定义对象的 X 和 Y 坐标，如图 6-2-2 所示。

图 6-2-2 修改对象坐标原点

2．对齐面板

使用对齐工具可以快速对齐多个图形，节省很多时间，大大提高工作效率，选择菜单"窗口"→"对齐"命令，或者按下快捷键【Ctrl+K】，即可打开对齐面板，对齐面板由五部分组成，分别为对齐、分布、匹配大小、间隔、与舞台对齐。

（1）新建文档，绘制三个矩形，如图 6-2-3 所示。

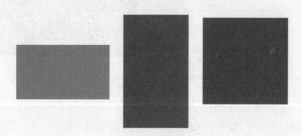

图 6-2-3 绘制图形

（2）打开对齐面板，如图 6-2-4 所示。

（3）面板最下方的"与舞台对齐"复选框，如果不选择，对舞台上的图形进行对齐操作时与舞台没有位置关系，只是各个图形之间的相对位置关系或大小匹配。如果使一个图形对齐到舞台的左上角，或者要实现各个图形相对于舞台的位置对齐或大小匹配，则一定要选择此复选框。

（4）按快捷键【F6】新建一个关键帧，打开绘图纸外观，以便观察对比效果，选择第二帧的三个图形，打开对齐面板，不选择"与舞台对齐"复选框，设置三个方块顶端对齐，将会以图形轮廓最靠近舞台边沿的那个图形的上边沿为准对齐，如图 6-2-5 所示。

图 6-2-4　对齐面板

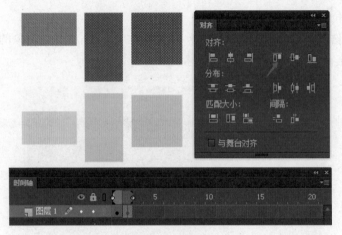

图 6-2-5　顶端对齐

（5）分布操作主要是以各个图形上下左右轮廓为依据进行分布计算的，如顶部分布，对齐的依据就是各个图形的顶部之间的位置进行平均分布，分布对齐操作与图形形状无关，只与图形的上下左右轮廓位置有关，如图 6-2-6 所示。

图 6-2-6　顶部分布

（6）匹配操作主要是快速实现图形大小的一致操作或图形与背景的大小一致操作。未选择"与舞台对齐"复选框时，匹配操作只与图形中轮廓最大的图形有关，选择"与舞台对齐"复选框时，匹配大小与舞台的尺寸有关，如图 6-2-7 所示。

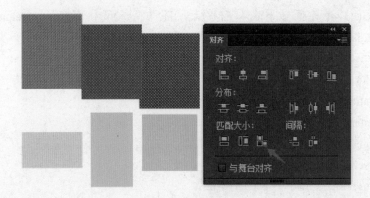

图 6-2-7 匹配宽和高

（7）间隔对齐以上（左）图的下（右）轮廓与下（右）图的上（左）轮廓的位置关系来分布间隔对齐。

> **注意**：通常在使用过程中，会灵活地将以上几个功能结合起来使用，以达到快捷定位图形位置和大小的操作。

3．Flash 中常用的动作脚本

1）指定跳转

·在当前帧停止播放：on(release){stop();}。

·从当前帧开始播放：on(release){play();}。

·跳到第 10 帧并且从第 10 帧开始播放：on(release){gotoAndPlay(10);}。

·跳到第 10 帧并且停止在该帧：on(release){gotoAndStop(10);}。

·跳到下一个场景并且继续播放：on(release){nextScene();play();}。

·跳到上一个场景并且继续播放：on(release){prevScene();paly();}。

·跳转到指定场景并且开始播放：on(release){gotoAndPlay(" 场景名 "，1);}。

·停止：on(release){stop();}。

·跳到第 N 帧开始播放：on(release){gotoAndplay(N);}18。

·跳到第 N 帧停止：on(release){gotoAndstop(N);}。

2）链接到网页

·打开一个网页，如果该"网页"和"Flash 二维动画"在同一个文件夹里：on(release){getURL("http://ftg.5d6d.com");}。

·打开一个网页，如果该"网页"是在网络上的其他站点里：on(release){getURL(http://ftg.5d6d.com);}。

3）设置播放器窗口

·播放器窗口全屏显示：on(release){fscommand("fullscreen"，true);}。

·取消播放器窗口的全屏：on(release){fscommand("fullscreen"，false);}。

·播放的画面，随播放器窗口大小的改变而改变：on(release){fscommand("allowscale"，true);}。

· 播放的画面，不论播放器窗口有多大，都保持原尺寸不变：on(release){fscommand ("allowscale"，false);}。

4）声音常用动作脚本

· newSound()：创建一个新的声音对象。

· mysound.attachSound()：加载库里的声音。

· mysound.start()：播放声音。

· mysound.getVolume()：读取声音的音量。

· mysound.setVolume()：设置音量。

· mysound.getPan()：读取声音的平衡值。

· mysound.setPan()：设置声音的平衡值。

· mysound.position：声音播放的当前位置。

· mysound.duration：声音的总长度。

6.2.2　案例分析

在 Flash 中可以直观地做动画，也可以编写程序来做动画，二者可相互结合。在制作动画时，为方便观看会经常使用到自动全屏播放，如图 6-2-8 所示。

图 6-2-8　全屏播放

6.2.3　案例目标

（1）能够正确编写脚本代码，完成交互动画制作。

（2）进一步理解和体会动作的使用。

（3）通过画面设计和动画制作，审美能力得到进一步提升，沟通能力、制定方案和解决问题的能力进一步加强。

6.2.4　制作过程

6.2.4.1　制作动画

（1）新建 Flash 文档。

（2）新建影片剪辑元件命名为"小树"，用于分图层制作小树生长动画，分图层使用遮罩动画技术制作树干和各个树叶生长的动画，如图 6-2-9 ～图 6-2-11 所示。

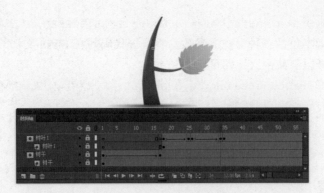

图 6-2-9 树叶生长遮罩动画 1

图 6-2-10 树叶生长遮罩动画 2

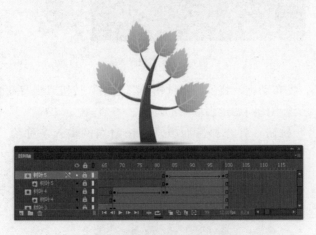

图 6-2-11 树叶生长遮罩动画 3

（3）回到主场景，图层 1 重命名为"小树"，从库中拖动"小树"影片剪辑元件到舞台上，调整大小和位置。

6.2.4.2 添加动作

（1）在第 1 帧右击选择"动作"命令，打开动作面板，输入动作脚本，使动画全屏显示，脚本代码如下：

```
stage.displayState = StageDisplayState.FULL_SCREEN;// 全屏显示
```

（2）注意全屏脚本包括各种形式的参数，将全屏代码写在 Flash 文档的第一帧上即可实现全屏效果，参数选择以下其中之一即可。

```
stage.scaleMode=StageScaleMode.SHOW_ALL;          // 显示所有，不保证比例
stage.scaleMode=StageScaleMode.EXACT_FIT;          // 锁定比例显示
stage.scaleMode=StageScaleMode.NO_BORDER;          // 填满显示区域并保证比例
stage.scaleMode=StageScaleMode.NO_SCALE;          // 原始大小
```

（3）发布动画，动画在打开时即以全屏效果播放。

6.2.5 能力拓展

通过添加动作脚本，还可以制作退出功能。

（1）在主场景新建图层命名为"按钮"，使用文本工具输入文字"退出"，选中文字，将文字转换为元件，名称为"退出"，类型为"按钮"，双击进入元件的编辑层级。

（2）在图层1的第3帧、第4帧分别创建关键帧，在图层1的第2帧创建空白关键帧，在图层1的第4帧中绘制矩形使其完全覆盖文字。

（3）新建图层2，分别在第2帧和第3帧创建关键帧，打开"素材 – 小鸭 .fla"文件，复制小鸭动画到新文件按钮元件图层2的第2帧中，关闭"素材 – 小鸭 .fla"文件。按钮时间轴如图 6-2-12 所示。

图 6-2-12　按钮时间轴

（4）回到主场景，发布动画，将鼠标指针指向"退出"按钮，观察动画效果，当指针指向按钮时，文字消失，出现小鸭向右走出场景的动画。

（5）选中"退出"按钮，打开属性面板，为按钮实例输入名称为"btn"，如图 6-2-13 所示。

图 6-2-13　命名实例

（6）在第1帧右击选择"动作"命令，打开动作面板，输入动作脚本，设置单击"退出"按钮时退出动画，脚本代码如下：

```
btn.addEventListener(MouseEvent.CLICK,exitpr);
function exitpr(e:MouseEvent):void
{
fscommand("quit")
}
```

> **注意**：btn 为退出按钮实例名称。

（7）时间轴如图 6-2-14 所示。

图 6-2-14　时间轴

思考与练习

一、选择题

1. 下列关于 Flash 动作脚本 (ActionScript) 的有关叙述不正确的是（　　　）。

   A. Flash 中的动作只有两种类型：帧动作和对象动作

   B. 帧动作不能实现交互

   C. 帧动作面板和对象面板均由动作列表区、脚本程序区、命令参数区构成

   D. 帧动作可以设置在动画的任意一帧上

2. 将声音加入按钮元件的操作方法是（　　　）。

   A. 先把声音放入库中，再进入按钮元件编辑状态，分别将音乐拖入各帧中

   B. 直接将声音拖入按钮所在影片编辑层

   C. 直接将声音拖入按钮所在帧

   D. 以上都不正确

3. 以下关于按钮元件时间轴的叙述正确的是（　　　）。

   A. 按钮元件的时间轴与主电影的时间轴是一样的，而且它会通过跳转到不同的帧来响应鼠标指针的移动和动作

   B. 按钮元件中包含四帧，分别是 Up、Down、Over 和 Hit 帧

   C. 按钮元件时间轴上的帧可以被赋予帧动作脚本

   D. 按钮元件的时间轴里只能包含四帧的内容

4. 有一个花盆形状的按钮，如果需要设置当鼠标指针经过按钮时，花盆会长出一朵花，应该做的设置是（   ）。

A. 制作一朵花生长的影片剪辑，在编辑按钮时创建一个新图层，并在第一个状态所在帧创建空白关键帧，把影片剪辑放置在这个关键帧上并延长到第四个状态

B. 制作一朵花生长的影片剪辑，在编辑按钮时创建一个新图层，并在第二个状态所在帧创建空白关键帧，把影片剪辑放置在这个关键帧上

C. 制作一朵花生长的影片剪辑，在编辑按钮时创建一个新图层，并在第三个状态所在帧创建空白关键帧，把影片剪辑放置在这个关键帧上

D. 制作一朵花生长的影片剪辑，再创建一个按钮，都放置在场景中，使用 ActionScript 来控制影片剪辑

5. 给按钮元件的不同状态附加声音，要在单击时发出声音，则应该在（   ）帧下创建关键帧。

A. 弹起   B. 指针经过   C. 按下   D. 点击

6. 时间轴控制函数主要用来控制帧和场景的播放、停止和跳转等，这类函数主要包括（   ）。

A. play()   B. stop()

C. gotoAndStop   D. gotoAndPlay

7. 在下面的代码中，控制当前影片剪辑元件跳转到 "S1" 帧标签处开始播放的代码是（   ）。

A. gotoAndPlay("S1");   B. this.GotoAndPlay("S1");

C. this.gotoAndPlay("S1")   D. this.gotoAndPlay("S1");

8. 下列关于时间轴中帧的影格的标记说法不正确的是（   ）。

A. 所有的关键帧都用一个小圆圈表示

B. 有内容的关键帧为实心圆，没有内容的关键帧为空心圆

C. 普通帧在时间轴上用方块表示

D. 加动作语句的关键帧会在上方显示一个小红旗

9. 在时间轴中，标记图符代表着不同的意义，下列说法正确的是（   ）。

A. 虚线代表在创建补间动画中出了问题

B. 当一个小红旗出现在帧上方时，表示此帧为关键帧

C. 实线表示补间动画创建成功

D. 当一个小写字母 "a"，出现在帧上时，表示此帧已被指定了某个动作

10. Flash 源文件和影片文件的扩展名分别为（   ）。

A. *.FLA、*.FLV   B. *.FLA、*.SWF

C. *.FLV、*.SWF   D. *.DOC、*.GIF

二、填空题

1. 动作脚本可以添加在_____上，也可以添加在_____上。

2. Flash 属性面板中显示对象的 X 和 Y 坐标是此对象的_____位置的标尺坐标。

3. 控制动画停止播放的 ActionScript 命令是_____，括号中不需要使用任何参数；控

制动画播放的 ActionScript 命令是_____。

4. 控制动画跳转到某帧并播放的 ActionScript 命令是_____（目的帧）；跳转到某帧并停止播放的 ActionScript 命令是_____（目的帧）。

5. 在下面的一段按钮代码中，"release" 被称为_____，当用户释放按钮时，大括号中的语句就会被执行。

```
On(release)
{
Play();
}
```

6. 按钮元件的四个帧分别是_____、_____、_____和_____。

三、问答题

1. 列举出 Flash 中的图层类型，并写出各自的作用。

2. Flash 中的鼠标事件有哪几种？

3. 简述 Flash 中常见的时间轴控制命令。

附录 A

项目考核教师评价表

项目名称：

班级：　　　学年第　学期　　　教师：

学号	姓名	项目作品（专业知识和技能满分 100 分，权重 0.7）					合计（总分 / 实得分）	方法能力（满分 15）	社会能力（满分 15）	项目成绩
		操作规范	素材处理	动画作品	作品创意	作品数量				

注：

综合成绩满分 100 分。其中：

项目作品满分 100 分，权重为 0.7。

方法能力满分 15 分，请直接输入最终得分。

社会能力满分 15 分，请直接输入最终得分。

附录 B 项目考核小组互评及自我评价表

作品名称：
小组成员：

团队名称：
评价人：

班级：　　　学年第　学期　　教师：

姓名	项目作品 （专业知识和技能，满分 100 分，权重 0.7）				合计 （总分／实得分）	方法能力 （满分 15）	社会能力 （满分 15）	项目成绩
	操作规范	素材处理	创意设计	作品数量				
	动画作品							

注：
综合成绩满分 100 分。其中：
项目作品满分 100 分，权重为 0.7。在合计一栏输入总得分和最终得分。
方法能力满分 15 分，请直接输入最终得分。
社会能力满分 15 分，请直接输入最终得分。
评价表中第一行红色字显示，为自我评价。

附录C 项目考核教师评价综合成绩登记表

班级：　　　　学年第　　学期　　教师：

学号	姓名	项目1	项目2	项目3	项目4	项目5	项目6	教师评价综合成绩（取平均分）

附录 D

项目考核小组互评综合成绩登记表

班级：　　　　　学年第　学期　　　教师：

学号	姓名	项目 1	项目 2	项目 3	项目 4	项目 5	项目 6	学生评价综合成绩（取平均分）

附录E 项目考核自我评价综合成绩登记表

班级：　　　　　　学年第　学期　　教师：

学号	姓名	项目 1	项目 2	项目 3	项目 4	项目 5	项目 6	自我评价综合成绩（取平均分）

附录 F

综合成绩登记表

班级：　　　　　　学年第　学期　　教师：

学号	姓名	教师评价综合成绩（权重0.8，总分/实得分）	小组互评综合成绩（权重0.1，总分/实得分）	自我评价综合成绩（权重0.1，总分/实得分）	综合成绩

注：项目考核综合成绩由教师评价、小组互评、自我评价三项成绩按照权重计算得出。

常用快捷键

表 G-1　常用工具快捷键

工具名称	按　键	工具名称	按　键
选择工具	【V】	部分选取工具	【A】
线条工具	【N】	套索工具	【L】
钢笔工具	【P】	文本工具	【T】
椭圆工具	【O】	矩形工具	【R】
铅笔工具	【Y】	画笔工具	【B】
任意变形工具	【Q】	渐变变形工具	【F】
墨水瓶工具	【S】	颜料桶工具	【K】
滴管工具	【I】	橡皮擦工具	【E】
手形工具	【H】	缩放工具	【Z】，【M】

表 G-2　常用菜单命令快捷键

菜单命令名称	按　键	菜单命令名称	按　键
新建 Flash 文件	【Ctrl+N】	打开 Flash 文件	【Ctrl+O】
作为库打开	【Ctrl+Shift+O】	关闭	【Ctrl+W】
保存	【Ctrl+S】	另存为	【Ctrl+Shift+S】
新建元件	【Ctrl+F8】	元件转换为散件	【Ctrl+B】
导入	【Ctrl+R】	导出影片	【Ctrl+Shift+Alt+S】
发布设置	【Ctrl+Shift+F12】	发布预览	【Ctrl+F12】
发布	【Shift+F12】	打印	【Ctrl+P】
退出 Flash	【Ctrl+Q】	撤销命令	【Ctrl+Z】
剪切到剪贴板	【Ctrl+X】	拷贝到剪贴板	【Ctrl+C】
粘贴剪贴板内容	【Ctrl+V】	粘贴到当前位置	【Ctrl+Shift+V】
清除	【Backspace】	复制所选内容	【Ctrl+D】

续表

菜单命令名称	按　键	菜单命令名称	按　键
全部选取	【Ctrl+A】	取消全选	【Ctrl+Shift+A】
剪切帧	【Ctrl+Alt+X】	拷贝帧	【Ctrl+Alt+C】
粘贴帧	【Ctrl+Alt+V】	清除帧	【Alt+Backspace】
选择所有帧	【Ctrl+Alt+A】	新建空白帧	【F5】
新建关键帧	【F6】	删除帧	【Shift+F5】
删除关键帧	【Shift+F6】	转换为关键帧	【F6】
转换为空白关键帧	【F7】	编辑元件	【Ctrl+E】
首选参数	【Ctrl+U】	转到第一个	【Home】
转到前一个	【PgUp】	转到下一个	【PgDn】
转到最后一个	【End】	放大视图	【Ctrl++】
缩小视图	【Ctrl+−】	100% 显示	【Ctrl+1】
缩放到帧大小	【Ctrl+2】	全部显示	【Ctrl+3】
按轮廓显示	【Ctrl+Shift+Alt+O】	高速显示	【Ctrl+Shift+Alt+F】
消除锯齿显示	【Ctrl+Shift+Alt+A】	消除文字锯齿	【Ctrl+Shift+Alt+T】
显示隐藏时间轴	【Ctrl+Alt+T】	显示隐藏工作区以外部分	【Ctrl+Shift+W】
显示隐藏标尺	【Ctrl+Shift+Alt+R】		